JN090652

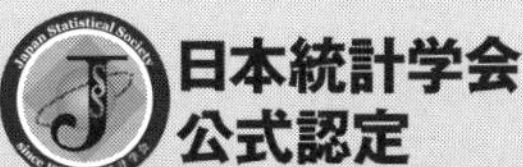

日本統計学会◉編

データに基づく数量的な思考力を測る全国統一試験

統計検定

2級

公式問題集

CBT対応版

実務教育出版

FORWARD

まえがき

昨今の目まぐるしく変化する世界情勢の中，日本全体のグローバル化とそれに対応した社会のイノベーションが重要視されている。イノベーションの達成には，あらたな課題を自ら発見し，その課題を解決する能力を有する人材育成が不可欠であり，課題を発見し，解決するための能力の一つとしてデータに基づく数量的な思考力，いわゆる統計的思考力が重要なスキルと位置づけられている。

現代では，「統計的思考力（統計的なものの見方と統計分析の能力）」は市民レベルから研究者レベルまで，業種や職種を問わず必要とされている。実際に，多くの国々において統計的思考力の教育は重視され，組織的な取り組みのもとに，あらたな課題を発見し，解決する能力を有する人材が育成されている。我が国でも，初等教育･中等教育においては統計的思考力を重視する方向にあるが，中高生，大学生，職業人の各レベルに応じた体系的な統計教育はいまだ十分であるとは言えない。しかし，最近では統計学に関連するデータサイエンス学部を新設する大学も現れ，その重要性は少しずつ認識されてきた。現状では，初等教育・中等教育での統計教育の指導方法が未成熟であり，能力の評価方法も個々の教員に委ねられている。今後，さらに進むことが期待されている日本の小・中・高等学校および大学での統計教育の充実とともに，統計教育の質保証をより確実なものとすることが重要である。

このような背景と問題意識の中，統計教育の質保証を確かなものとするために，日本統計学会は2011年より「統計検定」を実施している。現在，能力に応じた以下の「統計検定」を実施し，各能力の評価と認定を行っているが，着実に受験者が増加し，認知度もあがりつつある。

「統計検定　公式問題集」の各書には，過去に実施した「統計検定」の実際の問題を掲載している。そのため，使用した資料やデータは検定を実施した時点のものである。また，問題の趣旨やその考え方を理解するために解答のみでなく解説を加えた。過去の問題を解くとともに，統計的思考力を確実なものとするために，あわせて是非とも解説を読んでいただきたい。ただし，統計的思考では数学上の問題の解とは異なり，正しい考え方が必ずしも一通りとは限らないので，解説として説明した解法とは別に，他の考え方もあり得ることに注意いただきたい。

1級	実社会の様々な分野でのデータ解析を遂行する統計専門力
準1級	統計学の活用力 — 実社会の課題に対する適切な手法の活用力
2級	大学基礎統計学の知識と問題解決力
3級	データの分析において重要な概念を身につけ，身近な問題に活かす力
4級	データや表・グラフ，確率に関する基本的な知識と具体的な文脈の中での活用力
統計調査士	統計に関する基本的知識と利活用
専門統計調査士	調査全般に関わる高度な専門的知識と利活用手法
データサイエンス基礎	具体的なデータセットをコンピュータ上に提示して，目的に応じて，解析手法を選択し，表計算ソフトExcelによるデータの前処理から解析の実践，出力から必要な情報を適切に読み取る一連の能力
データサイエンス発展	数理・データサイエンス教育強化拠点コンソーシアムのリテラシーレベルのモデルカリキュラムに準拠した内容
データサイエンスエキスパート	数理・データサイエンス教育強化拠点コンソーシアムの応用基礎レベルのモデルカリキュラムを含む内容

（「統計検定」に関する最新情報は統計検定のウェブサイトで確認されたい）

「統計検定　公式問題集」の各書は，「統計検定」の受験を考えている方だけでなく，統計に関心ある方や統計学の知識をより正確にしたいという方にも読んでいただくことを望むが，統計を学ぶにはそれぞれの級や統計調査士，専門統計調査士に応じた他の書物を併せて読まれることを勧めたい。

最後に，「統計検定　公式問題集」の各書を有効に利用され，多くの受験者がそれぞれの「統計検定」に合格されることを期待するとともに，日本統計学会は今後も統計学の発展と統計教育への貢献に努める所存です。

一般社団法人　日本統計学会
会　長　照井伸彦
理事長　川崎能典
（2024年2月10日現在）

CONTENTS

PART 3　模擬テスト……175

APPENDIX　付表……199

カバーデザイン●NONdesign 小島トシノブ
本文デザイン●蠣﨑　愛

PART 1 統計検定2級受験ガイド

PART1 では，統計検定の概要と２級の受験ガイドをまとめている。CBT 方式試験の画面表示例もついている。受験前にひととおり目を通し，基本事項を確認してほしい。

TOPIC 1 本書の構成について

本書は，統計検定２級の出題範囲の問題を分野別に整理し，解説したものである。

まず，PART 1 では，統計検定や CBT 方式試験について概説し，試験範囲や試験実施に関わる事項について説明する。また，試験問題の出題形式の例や試験結果のレポートの例が示されている。

PART 2 では，統計検定２級試験と同程度の難易度を持ち，実際の試験と同様な質問形式の問題を，下記 TOPIC 4 の（1）～（10）の 10 個の分野に対応するよう分けて与えている。これらの問題に対する解答と若干の解説は，各問題の後半部分に与えられている。また，PART 1 の最後にある【参考】には，実際の CBT 方式試験画面表示に類似した問題例も与えられている。

さらに PART 3 では，実際の試験の半分程度に当たる 17 題の模擬テスト問題が与えられている。出題分野や問題の難易度も実際の試験と同程度になっているので，この問題を実際の試験時間の約半分に当たる 45 分程度で解くことにより，実力のチェックが行えるようになっている。この模擬テスト問題に対する解答と解説は，PART 3 の後半部分に与えられている。

また，本書の最後の部分には，統計検定２級の範囲で使用する，標準正規分布，t 分布，カイ二乗分布，F 分布に関わる統計数値表が与えられている。

TOPIC 2 統計検定とは

「統計検定」は，統計に関する知識や活用力を評価する全国統一試験である。

データに基づいて客観的に判断し，科学的に問題を解決する能力は，仕事や研究をするための 21 世紀型スキルとして国際社会で広く認められている。日本統計学会は，国際通用性のある統計活用能力の体系的な評価システムとして統計検定を開発し，さまざまな水準と内容で統計活用力を認定している。

統計検定は 2011 年に開始され，現在は次の種別が設けられている。

試験の種別	試験時間	受験料
統計検定 1 級	90 分（統計数理） 90 分（統計応用）	各 6,000 円 両方の場合 10,000 円
統計検定準 1 級	90 分	8,000 円
統計検定 2 級	90 分	7,000 円
統計検定 3 級	60 分	6,000 円
統計検定 4 級	60 分	5,000 円
統計検定 統計調査士	60 分	7,000 円
統計検定 専門統計調査士	90 分	10,000 円
統計検定 データサイエンス基礎	90 分	7,000 円
統計検定 データサイエンス発展	60 分	6,000 円
統計検定 データサイエンスエキスパート	90 分	8,000 円

なお，統計検定の試験制度は年によって変更されることもあるので，統計検定のウェブサイト（https://www.toukei-kentei.jp/）で最新の情報を確認すること。

統計検定 1 級以外は全て CBT 方式試験である。また，これらの種別には学割価格が設定されている。

TOPIC 3 CBT 方式試験とは

コンピュータ上で実施する CBT（Computer Based Testing）方式の試験である。パソコンの画面に表示された問題に対する解答を，マウスやキーボードを用いて解答する。解答の際に，マウスで選択肢を選ぶ操作やキーボードで数字を入力する操作を行うので，これらの操作ができる程度のパソコンスキルが必要となる。

CBT 方式試験は，従来から行われてきた紙媒体方式の試験と比較して，次のような利点がある。

① 時間帯や会場が選べる：日本全国の約 290 の会場で，都合のよい日時に受験が可能である。

② 学習計画が立てやすい：あなたの生活，行事に合わせた学習計画を立てられる。

③ 受験者の満足度が高い：試験終了直後に合否結果が判明するので，その後の計画が立てやすくなる。

TOPIC 4 統計検定２級の出題範囲

ここで，統計検定２級の実施趣旨，試験内容・出題範囲をまとめておく。

2014年に，統計関連学会連合により，大学における「統計学分野の教育課程編成上の参照基準（第２版）」が作成された。統計検定２級は，この参照基準に示されている大学基礎科目レベルの統計学の知識の習得度と活用のための理解度を問うために実施される検定で，次のような能力の測定を目指している。

① 現状についての問題の発見，その解決のためのデータの収集
② 仮説の構築と検証を行える統計力
③ 新知見獲得の契機を見出すという統計的問題解決力

具体的には，統計検定３級・４級の内容に加え，次の内容を含む。

(1) １変数データ（中心傾向の指標，散らばりの指標，中心と散らばりの活用，時系列データの処理）
(2) ２変数以上のデータ（散布図と相関，カテゴリカルデータの解析，単回帰と予測）
(3) 推測のためのデータ収集法（観察研究と実験研究，各種の標本調査法，フィッシャーの３原則）
(4) 確率（統計的推測の基礎となる確率，ベイズの定理）
(5) 確率分布（各種の確率分布とその平均・分散）
(6) 標本分布（標本平均・標本比率の分布，二項分布の正規近似，t分布・カイ二乗分布，F分布）
(7) 推定（推定量の一致性・不偏性，区間推定，母平均・母比率・母分散の区間推定）
(8) 仮説検定（p値，２種類の過誤，母平均・母比率・母分散の検定［１標本，２標本］）
(9) カイ二乗検定（適合度検定，独立性の検定）
(10) 線形モデル（回帰分析，実験計画）

なお，出題範囲の詳細については次ページを参照のこと。

統計検定２級　出題範囲表

大項目	小項目	ねらい	項目（学習しておくべき用語）
データソース	身近な統計	歴史的な統計学の活用や，社会における統計の必要性の理解。データの取得の重要性も理解する。	（調べる場合の）データソース，公的統計など
データの分布	データの分布の記述	集められたデータから，基本的な情報を抽出する方法を理解する。	質的変数（カテゴリカル・データ），量的変数（離散型，連続型），棒グラフ，円グラフ，幹葉図，度数分布表・ヒストグラム，累積度数グラフ，分布の形状（右に裾が長い，左に裾が長い，対称，ベル型，一様，単峰，多峰）
１変数データ	中心傾向の指標	分布の中心を説明する方法を理解する。	平均値，中央値，最頻値（モード）
	散らばりなどの指標	分布の散らばりの大きさなどを評価する方法を理解する。	分散（n－1で割る），標準偏差，範囲（最小値，最大値），四分位範囲，箱ひげ図，ローレンツ曲線，ジニ係数，２つのグラフの視覚的比較，カイ二乗値（一様な頻度からのずれ），歪度，尖度
	中心と散らばりの活用	標準偏差の意味を知り，その活用方法を理解する。	偏差，標準化（z得点），変動係数，指数化
２変数以上のデータ	散布図と相関	散布図や相関係数を活用して，変数間の関係を探る方法を理解する。	散布図，相関係数，共分散，層別した散布図，相関行列，みかけの相関（擬相関），偏相関係数
	カテゴリカルデータ	質的変数の関連を探る方法を理解する。	度数表，２元クロス表
データの活用	単回帰と予測	回帰分析の基礎を理解する。	最小二乗法，変動の分解，決定係数，回帰係数，分散分析表，観測値と予測値，残差プロット，標準誤差，変数変換
	時系列データの処理	時系列データのグラフ化や分析方法を理解する。	成長率，指数化，幾何平均，系列相関・コレログラム，トレンド，平滑化（移動平均）
推測のためのデータ収集法	観察研究と実験研究	要因効果を測定する場合の，実験研究と観察研究の違いを理解する。	観察研究，実験研究，調査の設計，母集団，標本，全数調査，標本調査，ランダムネス，無作為抽出
	標本調査と無作為抽出	標本調査の基本的概念を理解する。	標本サイズ（標本の大きさ），標本誤差，偏りの源，標本抽出法（系統抽出法，層化抽出法，クラスター抽出法，多段抽出法）
	実験	効果評価のための適切な実験の方法について理解する。	実験のデザイン（実験計画），フィッシャーの３原則
確率モデルの導入	確率	推測の基礎となる確率について理解する。	事象と確率，加法定理，条件付き確率，乗法定理，ベイズの定理
	確率変数	確率変数の表現と特徴（期待値・分散など）について理解する。	離散型確率変数，連続型確率変数，確率変数の期待値・分散・標準偏差，確率変数の和と差（同時分布，和の期待値・分散），２変数の共分散・相関

<table>
<tr><td rowspan="1">確率モデルの導入</td><td>確率分布</td><td>基礎的な確率分布の特徴を理解する。</td><td>ベルヌーイ試行，二項分布，ポアソン分布，幾何分布，一様分布，指数分布，正規分布，２変量正規分布，超幾何分布，負の二項分布</td></tr>
<tr><td rowspan="9">推測</td><td rowspan="2">標本分布</td><td>推測統計の基礎となる標本分布の概念を理解する。</td><td>独立試行，標本平均の期待値・分散，チェビシェフの不等式，大数の法則，中心極限定理，二項分布の正規近似，連続修正，母集団，母数（母平均，母分散）</td></tr>
<tr><td>正規母集団に関する分布とその活用について理解する。</td><td>標準正規分布，標準正規分布表の利用，t 分布，カイ二乗分布，F分布，分布表の活用，上側確率点（パーセント点）</td></tr>
<tr><td rowspan="3">推定</td><td>点推定と区間推定の方法とその性質を理解する。</td><td>点推定, 推定量と推定値, 有限母集団, 一致性, 不偏性, 信頼区間, 信頼係数</td></tr>
<tr><td>１つの母集団の母数の区間推定の方法を理解する。</td><td>正規母集団の母平均・母分散の区間推定，母比率の区間推定，相関係数の区間推定</td></tr>
<tr><td>２つの母集団の母数の区間推定の方法を理解する。</td><td>正規母集団の母平均の差・母分散の比の区間推定, 母比率の差の区間推定</td></tr>
<tr><td rowspan="4">仮説検定</td><td>統計的検定の意味を知り，具体的な利用方法を理解する。</td><td>仮説検定の理論，p 値，帰無仮説（H_0）と対立仮説（H_1），両側検定と片側検定，第１種の過誤と第２種の過誤，検出力</td></tr>
<tr><td>１つの母集団の母数に関する仮説検定の方法について理解する。</td><td>母平均の検定，母分散の検定，母比率の検定</td></tr>
<tr><td>２つの母集団の母数に関する仮説検定の方法について理解する。</td><td>母平均の差の検定（分散既知，分散未知であるが等分散，分散未知で等しいとは限らない場合），母分散の比の検定，母比率の差の検定</td></tr>
<tr><td>適合度検定と独立性の検定について理解する。</td><td>適合度検定，独立性の検定</td></tr>
<tr><td rowspan="2">線形モデル</td><td>回帰分析</td><td>重回帰分析を含む回帰モデルについて理解する。</td><td>回帰直線の傾きの推定と検定，重回帰モデル，偏回帰係数，回帰係数の検定，多重共線性，ダミー変数を用いた回帰，自由度調整（修正）済み決定係数</td></tr>
<tr><td>実験計画の概念の理解</td><td>実験研究による要因効果の測定方法を理解する。</td><td>実験，処理群と対照群，反復，ブロック化，一元配置実験，３群以上の平均値の差（分散分析），F 比</td></tr>
<tr><td>活用</td><td>統計ソフトウェアの活用</td><td>統計ソフトウェアを利用できるようになり，統計分析を実施できるようになる。</td><td>計算出力を活用できるか，問題解決に活用できるか</td></tr>
</table>

TOPIC 5 統計検定２級の試験実施について

ここでは，統計検定２級のCBT方式試験実施に関わる事項をまとめておく。

(A) 受験資格・併願について：各試験種別では，目標とする水準は定めているが，受験資格はなく，年齢・所属・経験等にかかわらず，誰でもどの種別でも受験できる。また，試験の日時が重ならなければ，異なる種別を同じ日に受験することも可能である。

(B) 受験日時・会場について：TOPIC 3で示したように，都合のよい日・時間帯に，都合のよい会場で受験することができる。

(C) 試験の申込みについて：試験会場に直接申し込む。この際，統計検定CBT方式試験を運営しているオデッセイ・コミュニケーションズのアカウントの登録（無料）が必要となるので，事前に登録を済ませておくこと。

(D) 試験の方法について：4～5肢選択の形式で出題され，問題数は35問程度である。試験問題は，プールされている問題からコンピュータでランダムに出題されるので，試験回，個人ごとに問題は異なることになる。したがって，試験内容については，秘密保持に同意してもらう必要がある。合格水準は，100点満点で60点以上である。なお，電卓は四則演算（＋－×÷）や百分率（%），平方根（√‾）の計算ができる普通電卓（一般電卓）または事務用電卓を１台，試験会場に持ち込み可能である。また，計算用紙と筆記用具，解答に必要な統計数値表は試験会場で配布し，試験終了後に回収する。

(E) ２回目以降の受験は，前回の受験から７日以上経過することが必要である。

(F) 標準テキストについて：統計検定では，各種別に応じて標準テキストが用意されているが，統計検定２級については，次のとおりである。

改訂版　日本統計学会公式認定　統計検定２級対応『統計学基礎』

（日本統計学会 編／定価：2,420円／東京図書）

統計検定の標準テキスト

●1級対応テキスト

増訂版　日本統計学会公式認定　統計検定1級対応

統計学

日本統計学会 編
定価：3,520円
東京図書

●準1級対応テキスト

日本統計学会公式認定　統計検定準1級対応

統計学実践ワークブック

日本統計学会 編
定価：3,080円
学術図書出版社

●2級対応テキスト

改訂版　日本統計学会公式認定　統計検定2級対応

統計学基礎

日本統計学会 編　定価：2,420円　東京図書

●3級対応テキスト

改訂版　日本統計学会公式認定　統計検定3級対応

データの分析

日本統計学会 編　定価：2,420円　東京図書

●4級対応テキスト

改訂版　日本統計学会公式認定　統計検定4級対応

データの活用

日本統計学会 編　定価：2,200円　東京図書

TOPIC 6 CBT方式試験の出題形式の例および試験結果レポートについて

TOPIC 3で示したように，試験問題はコンピュータによってディスプレイ上に表示される。解答は，マウスやキーボードを用いて行う。

問題のタイプには，次のようなものがあるが，詳しくは次ページ以降の【参考】を参照のこと。

(a) 与えられたデータ，表，図等から，正しい数値や式を選択する問題
(b) データ，表，図等が与えられており，適切な選択肢を選ぶ問題
(c) データ，表，図等に関わる3つ程度の命題が与えられており，それらの正誤を判断する問題
(d) 問題文中の2～3箇所の空欄に当てはまる数値や用語の組合せを選択する問題
(e) 正しい選択肢の番号を空欄に記入する問題

試験の合否は，試験後直ちにコンピュータによって判定され，「試験結果レポート」として提示される（以下の図参照）。レポートには，3つの試験分野別の正解率の情報も与えられているので，今後の受験の参考になるだろう。試験に合格した場合には，試験日から4～6週間後に「合格証」が送付される。

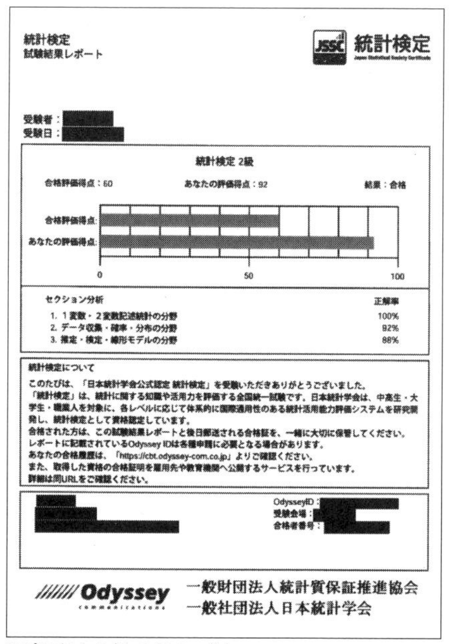

統計検定
試験結果レポート

JSSC 統計検定

受験者：
受験日：

統計検定 2級

合格評価得点：60　あなたの評価得点：92　結果：合格

セクション分析	正解率
1. 1変数・2変数記述統計の分野	100%
2. データ収集・確率・分布の分野	92%
3. 推定・検定・線形モデルの分野	88%

統計検定について

このたびは、「日本統計学会公式認定 統計検定」を受験いただきありがとうございました。
「統計検定」は、統計に関する知識や活用力を評価する全国統一試験です。日本統計学会は、中高生・大学生・職業人を対象に、各レベルに応じて体系的に国際通用性のある統計活用能力評価システムを研究開発し、統計検定として資格認定しています。
合格された方は、この試験結果レポートと後日郵送される合格証を、一緒に大切に保管してください。
レポートに記載されているOdyssey IDは各種申請に必要となる場合があります。
あなたの合格履歴は、「https://cbt.odyssey-com.co.jp」よりご確認ください。
また、取得した資格の合格証明を雇用先や教育機関へ公開するサービスを行っています。
詳細は同URLをご確認ください。

OdysseyID：
受験会場：
合格者番号：

Odyssey communications
一般財団法人統計質保証推進協会
一般社団法人日本統計学会

※表示は2級のサンプル。

実際のCBT方式試験の画面表示例

問題のタイプには，PART 1 の TOPIC 6 で与えた (a) ～ (e) のようなものがある。以下に，それぞれのタイプの問題例を与えておく。

与えられたデータ，表，図等から，正しい数値や式を選択する問題

モード　問題番号：XXXXX　セクション名：１変数・２変数記述統計の分野

統計検定2級

表示サイズ 100%

XX 問目／全 34 問中　あとで見直す

次の表は,2016 年および 2017 年における「梨」と「ぶどう」の 1 世帯当たり（全国，2 人以上の世帯）の年間の購入数量（g）および平均価格（円/100 g）である。

	2016 年		2017 年	
	購入数量	平均価格	購入数量	平均価格
梨	3827	48.86	3686	49.30
ぶどう	2422	107.09	2309	115.36

資料：総務省「家計調査」

前へ　確認画面　次へ　日本語入力 A

2016年を基準年（指数を100とする）として，「梨」と「ぶどう」の2種類の価格からラスパイレス価格指数を作成する場合，2017年の指数を求める計算式はどれか。次の①～⑤のうちから適切なものを一つ選べ。

① $\dfrac{49.30 \times 3686 + 115.36 \times 2309}{48.86 \times 3827 + 107.09 \times 2422} \times 100$

② $\dfrac{49.30 \times 3827 + 115.36 \times 2422}{48.86 \times 3827 + 107.09 \times 2422} \times 100$

③ $\dfrac{49.30 \times 3686 + 115.36 \times 2309}{48.86 \times 3686 + 107.09 \times 2309} \times 100$

④ $\dfrac{49.30 \times 3686 + 115.36 \times 2309}{49.30 \times 3827 + 115.36 \times 2422} \times 100$

⑤ $\dfrac{48.86 \times 3686 + 107.09 \times 2309}{48.86 \times 3827 + 107.09 \times 2422} \times 100$

前へ　確認画面　次へ　日本語入力 A

データ，表，図等が与えられており，適切な選択肢を選ぶ問題

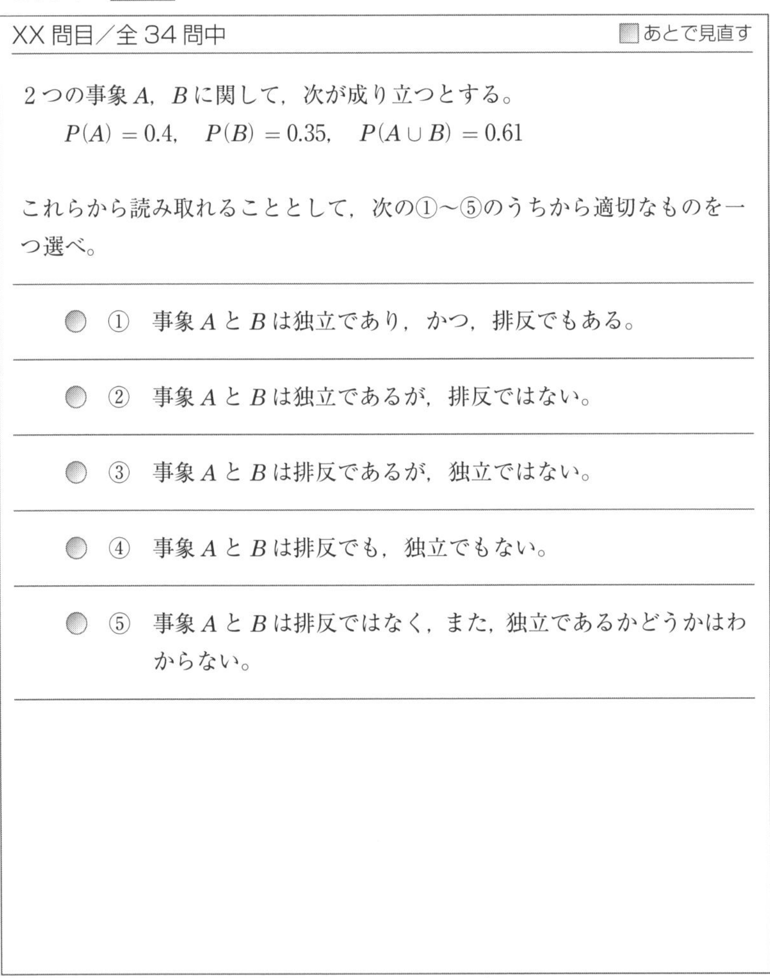

データ，表，図等に関わる3つの命題が与えられており，それらの正誤を判断する問題

モード　問題番号：XXXXX　セクション名：データ収集・確率・分布の分野

統計検定2級

表示サイズ 100%

XX 問目／全 34 問中　　あとで見直す

分布の非対称性の大きさを表す指標として歪度があり，分布の尖り具合もしくは裾の広がり具合を表す指標として尖度がある。次の記述Ⅰ～Ⅲは，歪度および尖度に関するものである。

Ⅰ．右に裾が長い分布では歪度は負の値になり，左に裾が長い分布では歪度は正の値になる。

Ⅱ．正規分布と比較して，中心部が平坦で裾が短い分布の尖度は正の値となり，尖っていて裾の長い分布の尖度は負の値となる。

Ⅲ．自由度 $v(v>3)$ の t 分布の歪度は 0 になり，自由度 $v(v>4)$ の t 分布において自由度が大きいほど尖度の絶対値は大きくなる。

記述Ⅰ～Ⅲに関して，次の①～⑤のうちから最も適切なものを一つ選べ。

- ①　Ⅰのみ正しい
- ②　ⅠとⅡのみ正しい
- ③　ⅠとⅢのみ正しい
- ④　ⅠとⅡとⅢはすべて正しい
- ⑤　ⅠとⅡとⅢはすべて誤り

前へ　確認画面　次へ　日本語入力 A

問題文中の2～3箇所の空欄に当てはまる数値や用語の組合せを選択する問題

モード　問題番号：XXXXX　セクション名：データ収集・確率・分布の分野

統計検定2級

表示サイズ 100%

XX 問目／全 34 問中　　あとで見直す

$X_1, X_2, \cdots, X_9$ は母平均 μ，母分散 σ^2 の正規母集団からの大きさ9の無作為標本とする。また $\bar{X}$ を $X_1, X_2, \cdots, X_9$ の標本平均とし，S^2 を不偏分散とする。このとき，$P(\bar{X} \geq \mu + 0.62S)$ の値を求めたい。

ここで，$T = \dfrac{\bar{X} - \mu}{\sqrt{S^2/9}}$ と置けば，この T は自由度（ア）の（イ）分布に従う。

これより，

$$P(\bar{X} \geq \mu + 0.62S) = P\left(T \geq \frac{0.62S}{\sqrt{S^2/9}}\right) = P(T \geq 1.86)$$

が成立するので，求める確率の値は（ウ）であることがわかる。

上の文章中の（ア）～（ウ）に当てはまる数値または用語の正しい組合せとして，次の①～⑤のうちから最も適切なものを一つ選べ。

- ①（ア）9　（イ）t　（ウ）0.0484
- ②（ア）8　（イ）カイ二乗　（ウ）0.9802
- ③（ア）8　（イ）t　（ウ）0.0500
- ④（ア）7　（イ）カイ二乗　（ウ）0.9662
- ⑤（ア）7　（イ）t　（ウ）0.0536

前へ　確認画面　次へ　日本語入力 A

TYPE e 正しい選択肢の番号を空欄に記入する問題

モード　問題番号：XXXXX　セクション名：推定・検定・線形モデルの分野

統計検定2級

表示サイズ 100%

XX 問目／全 34 問中　　あとで見直す

次の表は，2017 年度プロ野球におけるリーグごとの球団別ホームゲーム年間入場者数（単位は万人）である。

セントラル・リーグの球団別年間入場者数

球団 A	球団 B	球団 C	球団 D	球団 E	球団 F	平均	偏差平方和
218	303	198	296	201	186	233.7	13,549

パシフィック・リーグの球団別年間入場者数

球団 G	球団 H	球団 I	球団 J	球団 K	球団 L	平均	偏差平方和
209	177	167	145	161	253	185.3	7,763

資料：日本野球機構

各リーグ内において入場者数は独立で同一の分布に従い，かつ，セントラル・リーグとパシフィック・リーグの各球団の年間入場者数の母分散は等しいとみなし，両リーグの球団別年間入場者数の母平均に差があるかどうかを検定するため，一元配置分散分析を行うことを考える。

一元配置分散分析における F 値として，次の①～⑤のうちから最も適切なものを一つ選び，番号を空欄に入力せよ。
※番号は半角数字で入力すること。(例：解答が③の場合は，半角数字の 3 を入力)

① 0.14　② 1.11　③ 1.66　④ 3.30　⑤ 4.01

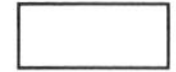

前へ　確認画面　次へ　日本語入力 A

PART 2

分野・項目別の問題・解説

PART2 では，統計検定２級試験の出題範囲の分野・項目別に本試験と同程度の難易度の問題を掲載する。各問題の正解および解説をすぐに確認できるように構成している。出題範囲の確認と本試験のレベルを体感してほしい。

CATEGORY 1

1変数記述統計の分野

問1 相対度数の計算

1952年, 1985年, 2017年の都道府県別の大学数のデータから相対度数分布表（単位：%）を作成したところ，次の表を得た。なお，小数点以下2位を四捨五入している。また，1972年5月15日に沖縄返還が行われたため，1952年と1985年，2017年は都道府県の総数が異なっている。

都道府県別大学数	1952年	1985年	2017年
0校以上20校未満	97.8	85.1	76.6
20校以上40校未満	0.0	（ア）	17.0
40校以上60校未満	0.0	0.0	（イ）
60校以上80校未満	2.2	0.0	0.0
80校以上100校未満	0.0	0.0	0.0
100校以上120校未満	0.0	2.1	0.0
120校以上140校未満	0.0	0.0	2.1

資料：文部科学省「学校基本調査」

表中の（ア），（イ）に当てはまる数値の組合せについて，次の①～⑤のうちから最も適切なものを一つ選べ。

① （ア） 2.1　（イ） 4.3
② （ア） 4.3　（イ） 2.1
③ （ア） 4.3　（イ）12.8
④ （ア）12.8　（イ） 2.1
⑤ （ア）12.8　（イ） 4.3

問1の解説　　正解　5

1952年，1985年，2017年の都道府県別の大学数のデータから相対度数分布表（単位：%）を作成したので，各年の相対度数の合計が100となることに注意すると，（ア）に入る数値は $100 - 85.1 - 2.1 = 12.8$，（イ）に入る数値は $100 - 76.6 - 17.0 - 2.1 = 4.3$ であることがわかる。

よって，正解は⑤である。

問2 中央値を含む階級

次の表は，2015年の2人以上の勤労者世帯における，貯蓄額の階級別相対度数分布表である。

	階　級	相対度数(%)
(A)	100万円未満	13.2
(B)	100万円以上　200万円未満	7.2
(C)	200万円以上　300万円未満	7.0
(D)	300万円以上　400万円未満	6.1
(E)	400万円以上　500万円未満	5.6
(F)	500万円以上　600万円未満	5.5
(G)	600万円以上　700万円未満	4.5
(H)	700万円以上　800万円未満	4.2
(I)	800万円以上　900万円未満	3.3
(J)	900万円以上　1000万円未満	3.2
(K)	1000万円以上 1200万円未満	6.0
(L)	1200万円以上 1400万円未満	4.6
(M)	1400万円以上 1600万円未満	4.2
(N)	1600万円以上 1800万円未満	3.0
(O)	1800万円以上 2000万円未満	2.5
(P)	2000万円以上 2500万円未満	5.3
(Q)	2500万円以上 3000万円未満	3.2
(R)	3000万円以上 4000万円未満	4.2
(S)	4000万円以上	7.2

資料：総務省統計局「家計調査」

貯蓄額の中央値が含まれる階級はどれか。次の①～⑤のうちから適切なものを一つ選べ。

① (H)　　② (I)
③ (J)　　④ (K)
⑤ (L)

問2の解説　　正解 1

相対度数分布表において，中央値が含まれる階級とは，累積相対度数が初めて 50％を超える階級を表す。このデータでは，累積相対度数はそれぞれ

(A) 13.2，(B) 20.4，(C) 27.4，(D) 33.5，

(E) 39.1，(F) 44.6，(G) 49.1，(H) 53.3

であるから，階級（H）に中央値が含まれる。

よって，正解は①である。

問3 箱ひげ図と度数分布

次の図は，2018 年 12 月 1 日〜 12 月 31 日の，東京・名古屋・大阪・広島・福岡（以下，「5 都市」とする）の平均気温（日ごとの値，単位：℃）の箱ひげ図である。

なお，これらの箱ひげ図では，“「第 1 四分位数」−「四分位範囲」× 1.5” 以上の値をとるデータの最小値，および “「第 3 四分位数」＋「四分位範囲」× 1.5” 以下の値をとるデータの最大値までひげを引き，これらよりも外側の値を外れ値として○で示している。

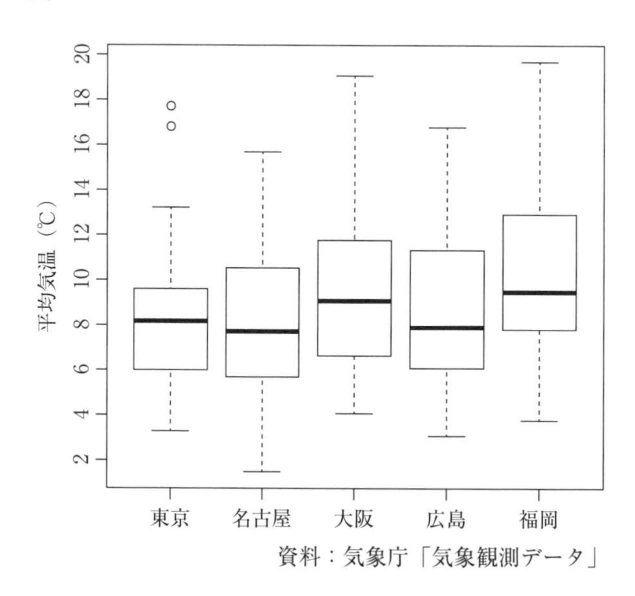

資料：気象庁「気象観測データ」

次の表は，5都市の平均気温の度数分布表である。ここで，(A)～(E)は，それぞれ東京・名古屋・大阪・広島・福岡のいずれかを表している。

階級	度数				
	(A)	(B)	(C)	(D)	(E)
0℃以上　2℃未満	0	0	0	0	1
2℃以上　4℃未満	1	3	1	0	3
4℃以上　6℃未満	7	5	3	6	5
6℃以上　8℃未満	7	9	5	6	8
8℃以上 10℃未満	9	5	9	7	5
10℃以上 12℃未満	2	2	3	4	5
12℃以上 14℃未満	3	5	4	5	2
14℃以上 16℃未満	0	1	4	2	2
16℃以上 18℃未満	2	1	0	0	0
18℃以上 20℃未満	0	0	2	1	0

東京の度数として，次の①～⑤のうちから適切なものを一つ選べ。

① (A)
② (B)
③ (C)
④ (D)
⑤ (E)

問3の解説　　正解　1

東京の箱ひげ図を見ると，最小値が2℃以上4℃未満にあり，最大値およびその次に大きい観測値が16℃以上18℃未満にあることがわかる。(A)～(E)の度数分布表の中でこれに該当するのは(A)のみである。なお，(B)は広島，(C)は福岡，(D)は大阪，(E)は名古屋である。

よって，正解は①である。

問4　幹葉図の読み取り

次の幹葉図は，大学のある授業の期末試験における得点の分布を示している。試験は100点満点であり，試験を受けた学生は25名であった。

十の位	一の位
4	0
5	688888
6	000288
7	024446688
8	02
9	0

幹葉図から読み取れる情報として，次の①～⑤のうちから適切なものを一つ選べ。

① 期末試験の最高得点は92点である。
② 期末試験の最低得点は56点である。
③ 期末試験の得点が60点未満の学生を不可とするならば，7名が不可となる。
④ 期末試験の得点が上位20％に入る5名の学生の成績をAとするならば，成績がAとなる最低の得点は76点である。
⑤ 期末試験の得点の最頻値（モード）は70点である。

問4の解説　正解　3

①：適切でない。期末試験の最高得点は90点である。
②：適切でない。期末試験の最低得点は40点である。
③：適切である。期末試験の得点が40点台の学生は1名，50点台の学生は6名であったので，得点が60点未満の不可の学生は合計7名となる。
④：適切でない。期末試験で5番目に高い得点は78点である。
⑤：適切でない。期末試験の最頻値は5名が得点した58点である。
よって，正解は③である。

問5 時系列の変動の性質

次の記述Ⅰ～Ⅲは，時系列データの変動に関するものである。

Ⅰ．傾向変動とは長期にわたる動きであり，常に直線で表される。
Ⅱ．季節変動とは周期1年で循環する変動のことである。
Ⅲ．不規則変動には，予測が困難な偶然変動は含まれない。

記述Ⅰ～Ⅲに関して，次の①～⑤のうちから最も適切なものを一つ選べ。

① Ⅰのみ正しい。
② Ⅱのみ正しい。
③ Ⅲのみ正しい。
④ ⅠとⅡのみ正しい。
⑤ ⅠとⅡとⅢはすべて誤り。

問5の解説　　正解 2

Ⅰ．誤り。傾向変動は，基本的な長期にわたる動きを表す変動を指すが，直線とは限らない。
Ⅱ．正しい。季節変動は，1年を周期として循環を繰り返す変動を指す。農産物の生産など自然現象に左右される変動や季節による社会的・経済的要因で生じる変動が考えられる。
Ⅲ．誤り。不規則変動は，傾向変動（循環変動を含む）と季節変動以外の変動で，規則的ではない変動を指し，予測が困難な偶然変動（たとえば，冷夏などの天候による売り上げの減少など）を含む。

以上から，正しい記述はⅡのみなので，正解は②である。

問6 平均変化率の計算式

次の表は，長野県の事業所規模30人以上の製造業の事業所の賃金指数（きまって支給する給与，平成27年の平均値を100としたもの）である。

年月	賃金指数
平成30年 1月	102.6
平成30年 2月	103.9
平成30年 3月	104.2
平成30年 4月	105.6
平成30年 5月	103.2
平成30年 6月	106.1
平成30年 7月	105.9
平成30年 8月	104.7
平成30年 9月	104.3
平成30年 10月	105.6
平成30年 11月	104.1
平成30年 12月	104.1

資料：厚生労働省「毎月勤労統計調査」

平成30年1月から同年4月までの間の1か月当たりの平均変化率 r（%）は，次の【条件】を満たすようにして計算される。

【条件】

平成30年1月の賃金指数は102.6である。平成30年2月から同年4月にかけて，前月からの変化率が常に r であれば，平成30年4月の賃金指数は105.6となる。

平均変化率 r の計算式として，次の①～⑤のうちから適切なものを一つ選べ。

① $100\left\{\frac{102.6+103.9+104.2+105.6}{4}\right\}$

② $100\left\{\frac{105.6-102.6}{102.6}\right\}$

③ $100\left\{\frac{1}{3}\left(\frac{103.9-102.6}{102.6}+\frac{104.2-103.9}{103.9}+\frac{105.6-104.2}{104.2}\right)\right\}$

④ $100\left\{\left(\frac{105.6}{102.6}\right)^{1/3}-1\right\}$

⑤ $100\left\{\left(\frac{103.9-102.6}{102.6}\times\frac{104.2-103.9}{103.9}\times\frac{105.6-104.2}{104.2}\right)^{1/3}\right\}$

問6の解説　　正解　4

【条件】より，平成 30 年 1 月の賃金指数 $W_{\mathrm{H30.1}}$ は 102.6，また，平成 30 年 4 月の賃金指数 $W_{\mathrm{H30.4}}$ は 105.6 である。平成 30 年 2 月から同年 4 月にかけて，前月からの変化率が常に r（%）であれば，

$$105.6 = 102.6\left(1+\frac{r}{100}\right)^3$$

が成立する。これを解くことで，

$$r = \left\{\left(\frac{105.6}{102.6}\right)^{1/3}-1\right\}\times 100$$

となる。

よって，正解は④である。

問7 線形変換による平均・標準偏差

気温を測る単位として，日本では摂氏℃が用いられている。一方で，アメリカにおいては，華氏°Fを用いるのが一般的であり，摂氏（C）から華氏（F）への変換公式は $F = 1.8C + 32$ となる。

次の表は，2018 年 12 月 9 日のアメリカの 17 の主要都市における最低気温のデータを摂氏と華氏，双方の単位で記載したものである。

No.	主要都市	摂氏	華氏	No.	主要都市	摂氏	華氏
1	アトランタ	1	33.8	10	ニューヨーク	−1	30.2
2	アンカレジ	−6	21.2	11	ヒューストン	4	39.2
3	サンフランシスコ	6	42.8	12	ボストン	−5	23.0
4	シアトル	4	39.2	13	ポートランド	6	42.8
5	シカゴ	−6	21.2	14	マイアミ	22	71.6
6	デトロイト	−4	24.8	15	ラスベガス	7	44.6
7	デンバー	−1	30.2	16	ロサンゼルス	10	50.0
8	ニューオーリンズ	4	39.2	17	ワシントン D.C.	0	32.0
9	メンフィス	−1	30.2				

資料：日本気象協会

上記の摂氏で表されたデータの平均 $\bar{C}$ は 2.4，標準偏差 s_C は 7.0 であった。いま，華氏で表されたデータの平均を $\bar{F}$，標準偏差を s_F と置く。このとき，$\bar{F}$ と s_F の値の組合せとして，次の①～⑤のうちから最も適切なものを一つ選べ。ここで標準偏差は，不偏分散の正の平方根とする。

① $\bar{F} = 4.2,\quad s_F = 12.6$
② $\bar{F} = 4.2,\quad s_F = 44.6$
③ $\bar{F} = 36.3,\quad s_F = 7.0$
④ $\bar{F} = 36.3,\quad s_F = 12.6$
⑤ $\bar{F} = 36.3,\quad s_F = 44.6$

問7の解説　　正解　4

与えられた変換公式より

$$\bar{F} = \frac{1}{17}\sum_{i=1}^{17}(1.8C_i + 32) = 1.8\,\bar{C} + 32$$

$$s_F = \sqrt{\frac{1}{16}\sum_{i=1}^{17}\{(1.8C_i + 32) - (1.8\,\bar{C} + 32)\}^2}$$

$$= \sqrt{1.8^2 \times \frac{1}{16}\sum_{i=1}^{17}(C_i - \bar{C})^2} = 1.8 \times s_C$$

となる。これらの関係式に $\bar{C} = 2.4$，$s_C = 7.0$ を代入して

$$\bar{F} = 1.8\,\bar{C} + 32 = 36.32, \quad s_F = 1.8s_C = 12.6$$

となる。

よって，正解は④である。

［**補足**］

標準偏差の定義は，観測数で割る場合と観測数マイナス1で割る場合との2通りがあります。本問題では不偏分散の正の平方根を定義としています。つまり，分散の不偏推定量（不偏分散）であることから，観測数マイナス1で割ります。

問8 ローレンツ曲線・ジニ係数の説明

次の表は, 2011年～2014年に調査された5か国（日本, アメリカ, スウェーデン, 中国, ドイツ）の五分位階級所得割合（各家計の所得を少ない順から並べて人口で5等分したときに, それぞれの階級の所得の和の全体の所得の和に占める割合）である。なお, 小数点以下2位を四捨五入しているため, 合計は100とは限らない。

単位（%）

		（年）	第1五分位階級	第2五分位階級	第3五分位階級	第4五分位階級	第5五分位階級
日本	JPN	（2014）	5.4	10.7	16.3	24.1	43.5
アメリカ	USA	（2013）	5.1	10.3	15.4	22.7	46.4
スウェーデン	SWE	（2012）	8.7	14.3	17.8	23.0	36.2
中国	CHN	（2012）	5.2	9.8	14.9	22.3	47.9
ドイツ	DEU	（2011）	8.4	13.1	17.2	22.7	38.6

資料：独立行政法人 労働政策研究・研修機構「データブック国際労働比較2017」

次の記述Ⅰ～Ⅲは, 表から作成したローレンツ曲線（横軸を人口の, 縦軸を所得の累積相対度数とする）および表から計算したジニ係数に関する説明である。

Ⅰ. いずれの国のローレンツ曲線も完全平等線の下に弧を描く。

Ⅱ. 日本, アメリカ, ドイツのジニ係数を比較すると, アメリカが最も小さい。したがって, ジニ係数で比べた場合, アメリカが最も不平等であることがわかる。

Ⅲ. スウェーデンと中国のローレンツ曲線を比較すると, 中国のほうが完全平等線から遠い。したがって, ローレンツ曲線で比べた場合, 中国のほうが不平等であることがわかる。

記述Ⅰ～Ⅲに関して, 次の①～⑤のうちから最も適切なものを一つ選べ。

① Ⅰのみ正しい。　② Ⅱのみ正しい。
③ Ⅲのみ正しい。　④ ⅠとⅡのみ正しい。
⑤ ⅠとⅢのみ正しい。

問8の解説　　正解　5

Ⅰ．正しい。すべての国およびすべての五分位階級において，『人口の累積相対度数』≧『所得の累積相対度数』が成立する。横軸に人口の累積相対度数，縦軸に所得の累積相対度数をとって図示した場合，ローレンツ曲線は完全平等線の下に弧を描く。

Ⅱ．誤り。所得の累積相対度数を日本・アメリカ・ドイツで比較すると，すべての五分位階級でアメリカ < 日本 < ドイツが成立している。したがって，ジニ係数を比較するとアメリカ > 日本 > ドイツとなり，ドイツが最も小さい。また，ジニ係数は大きいほど不平等を表すため，「アメリカのジニ係数が最小であるから，最も不平等」という記述は誤りである。

Ⅲ．正しい。所得の累積相対度数を中国とスウェーデンで比較すると，すべての五分位階級で中国 < スウェーデンが成立している。これより，ローレンツ曲線を描いたときに，中国のほうが完全平等線から遠く，不平等であることがわかる。

表：5か国の人口および所得の累積相対度数

単位（%）

人口の累積相対度数	20	40	60	80	100
所得の累積相対度数					
日本	5.4	16.1	32.4	56.5	100.0
アメリカ	5.1	15.4	30.8	53.5	99.9
スウェーデン	8.7	23.0	40.8	63.8	100.0
中国	5.2	15.0	29.9	52.2	100.1
ドイツ	8.4	21.5	38.7	61.4	100.0

（注）小数点以下2位以下を四捨五入しているため，所得の相対度数の合計は100とは限らない。

以上から，正しい記述はⅠとⅢのみなので，正解は⑤である。

問9　コレログラムの選択

次の図は，2012 年 1 月から 2018 年 12 月までの月別製品ガス販売量（単位：100 万メガジュール）の系列である。

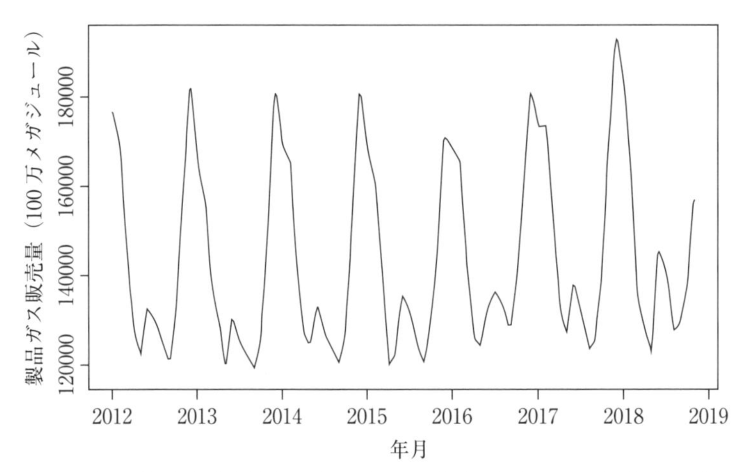

資料：経済産業省資源エネルギー庁「ガス事業生産動態統計調査」

製品ガス販売量のコレログラムとして，次の①〜⑤のうちから最も適切なものを一つ選べ。ただし，図中の点線は，時系列が無相関であるという帰無仮説の下での有意水準 5％の棄却限界値を表す。

①

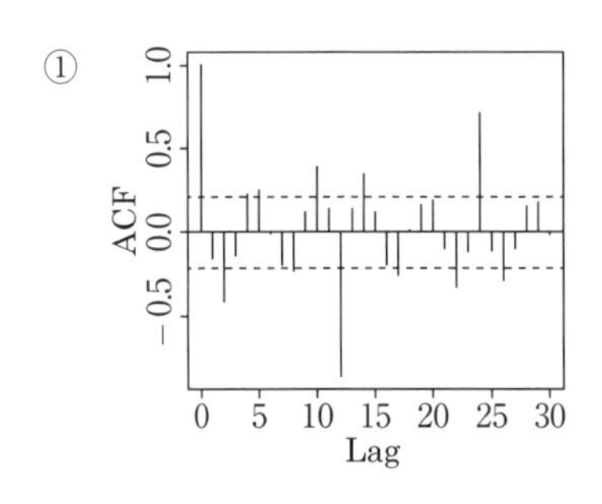

②

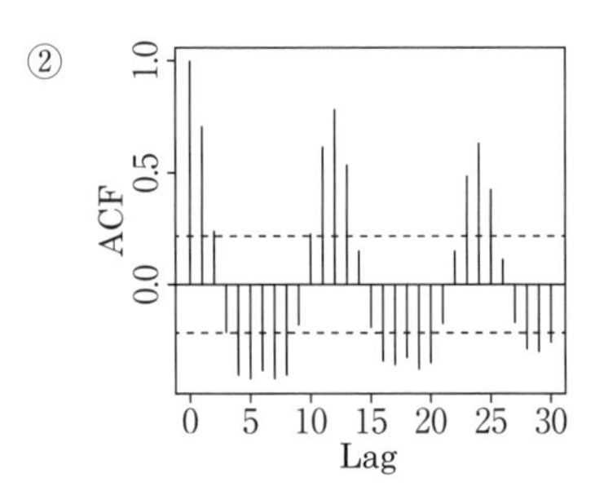

③
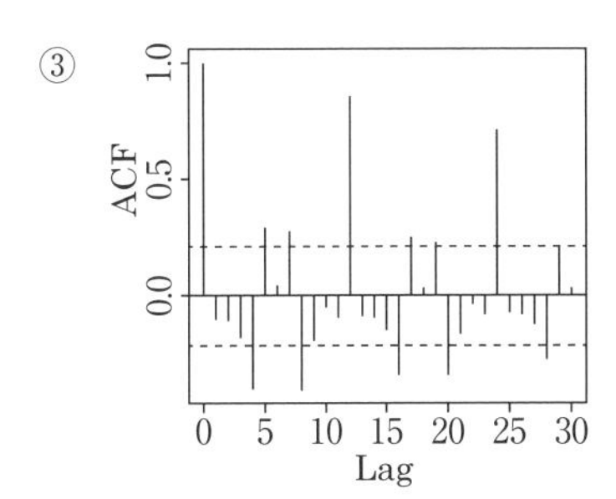

④
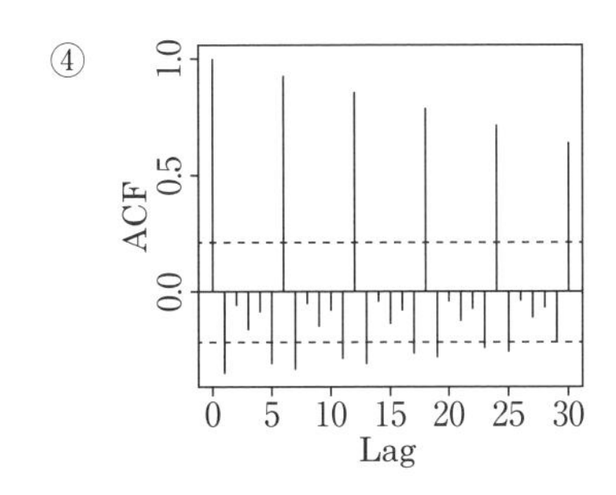

⑤
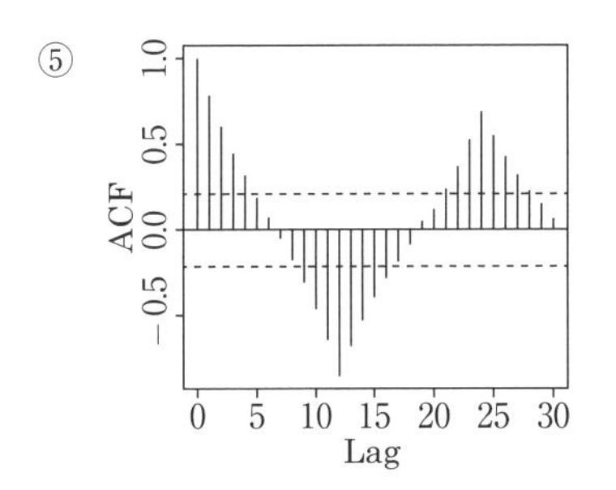

PART 1 統計検定2級受験ガイド
PART 2 分野・項目別の問題・解説
PART 3 模擬テスト
APPENDIX 付表

問9の解説　　正解　2

時系列データのグラフを見ると，12か月の周期性が読み取れるので，コレログラムでは，ラグ12，24で強い正の相関がある。また，大きな上下変動の頂点の約6か月後付近に小さな上下変動があり，小さい値が連続することから，元データと6か月前後ずらしたデータには，負の相関がある。つまり，ラグ6前後において連続して負の相関がある。

①：適切でない。ラグ12で強い負の相関が認められる。

②：適切である。ラグ12，24で強い正の相関が認められる。また，ラグ6前後において連続して負の相関が認められる。

③：適切でない。ラグ12，24で強い正の相関が認められるが，ラグ6前後において連続して負の相関が認められない。

④：適切でない。ラグ6，12，18，24，30，つまり6か月おきに強い正の相関が認められる。

⑤：適切でない。ラグ12で強い負の相関が認められる。

よって，正解は②である。

問10 ラスパイレス指数の計算式

次の表は,2016年および2017年における「梨」と「ぶどう」の1世帯当たり（全国，2人以上の世帯）の年間の購入数量（g）および平均価格（円/100g）である。

	2016年		2017年	
	購入数量	平均価格	購入数量	平均価格
梨	3827	48.86	3686	49.30
ぶどう	2422	107.09	2309	115.36

資料：総務省「家計調査」

2016年を基準年（指数を100とする）として,「梨」と「ぶどう」の2種類の価格からラスパイレス価格指数を作成する場合，2017年の指数を求める計算式はどれか。次の①～⑤のうちから適切なものを一つ選べ。

① $\dfrac{49.30 \times 3686 + 115.36 \times 2309}{48.86 \times 3827 + 107.09 \times 2422} \times 100$

② $\dfrac{49.30 \times 3827 + 115.36 \times 2422}{48.86 \times 3827 + 107.09 \times 2422} \times 100$

③ $\dfrac{49.30 \times 3686 + 115.36 \times 2309}{48.86 \times 3686 + 107.09 \times 2309} \times 100$

④ $\dfrac{49.30 \times 3686 + 115.36 \times 2309}{49.30 \times 3827 + 115.36 \times 2422} \times 100$

⑤ $\dfrac{48.86 \times 3686 + 107.09 \times 2309}{48.86 \times 3827 + 107.09 \times 2422} \times 100$

問10の解説　　正解　2

価格指数を n 種類の財 $(i=1, \cdots, n)$ から作成する。基準年の第 i 財の価格を p_{i0}, 購入数量を q_{i0} とする。同様に，比較年の価格を p_{it}, 購入数量を q_{it} とする。ラスパイレス価格指数（ラスパイレス型物価指数）は，基準年と同じ購入量を比較年も購入した場合の購入金額と基準年の購入金額の比

$$\text{ラスパイレス価格指数} = \frac{\sum_{i=1}^{n} p_{it}q_{i0}}{\sum_{j=1}^{n} p_{j0}q_{j0}} \times 100$$

として定義される。ここで，j は i と同様に財の種類であり，i と区別するために用いている。

以上より，2016 年を基準年とした場合の 2017 年のラスパイレス価格指数は，

$$\frac{49.30 \times 3827 + 115.36 \times 2422}{48.86 \times 3827 + 107.09 \times 2422} \times 100$$

となる。よって，正解は②である。

［**補足**］

$$\text{ラスパイレス価格指数} = \frac{\sum_{i=1}^{n} p_{it}q_{i0}}{\sum_{j=1}^{n} p_{j0}q_{j0}} \times 100 = \sum_{i=1}^{n}\left(\frac{p_{i0}q_{i0}}{\sum_{j=1}^{n} p_{j0}q_{j0}}\right) \times \frac{p_{it}}{p_{i0}} \times 100$$

と表されることから，ラスパイレス価格指数は基準年と比較年の第 i 財の価格比 $\dfrac{p_{it}}{p_{i0}}$ を，基準年の購入金額の割合

$$\frac{p_{i0}q_{i0}}{\sum_{j=1}^{n} p_{j0}q_{j0}}$$

を加重とした加重平均としても定義される。ラスパイレス指数を計算するためには，基準時点の価格 p_{i0} と購入数量 q_{i0} を調査すると，あとは比較時点での価格のデータ p_{it} があれば計算できる。一般に価格の調査はいくつかの代表例を調査することで精度の高い調査ができるのに対して，数量の調査は大規模で詳細にわたる調査が必要となり集計にも時間を要する。そのため，調査費用や速報性の観点から優れているラスパイレス価格指数が広く用いられている。

CATEGORY 2

2変数記述統計の分野

問1 散布図と度数分布

次の図は，2015年における，47都道府県の男性と女性の50歳時未婚率（50歳時における未婚の割合，単位：%）の散布図である。

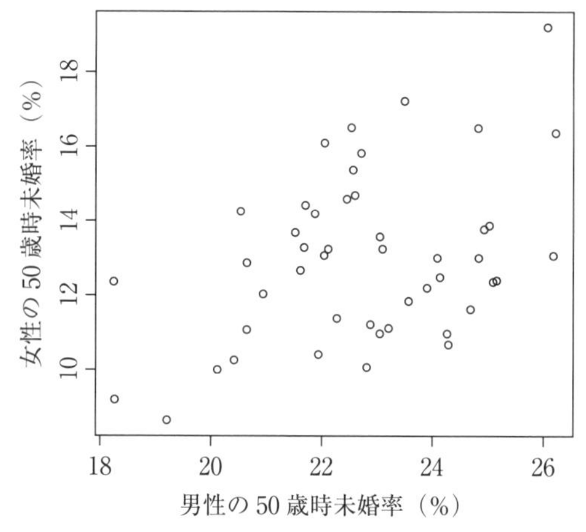

資料：国立社会保障・人口問題研究所「人口統計資料集」

2015年における女性の50歳時未婚率のヒストグラムとして，次の①～⑤のうちから最も適切なものを一つ選べ。

①

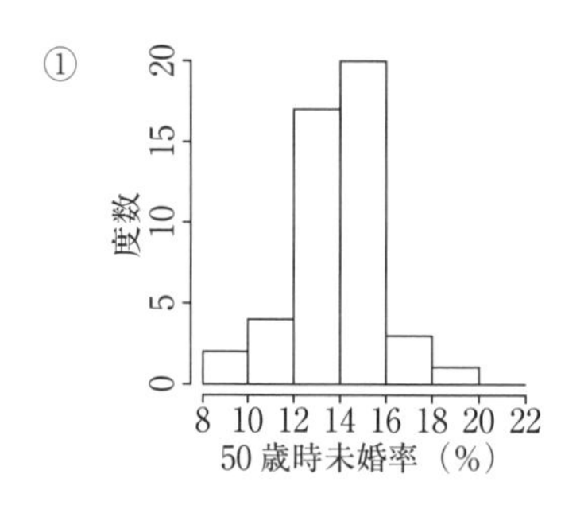

②

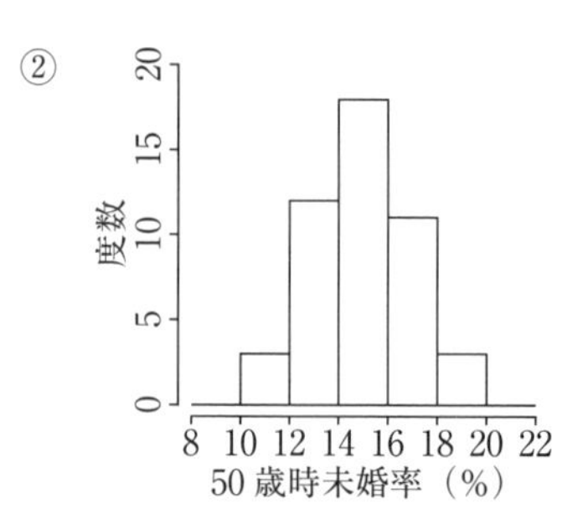

③

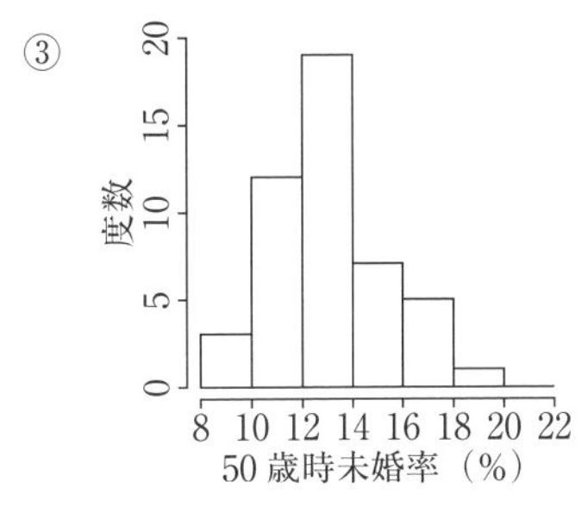

④

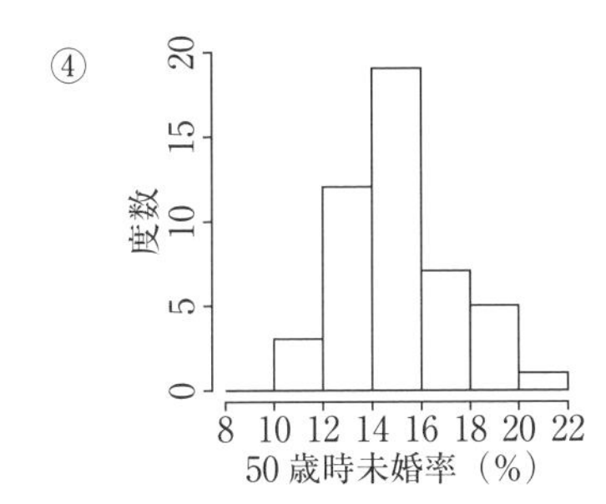

⑤

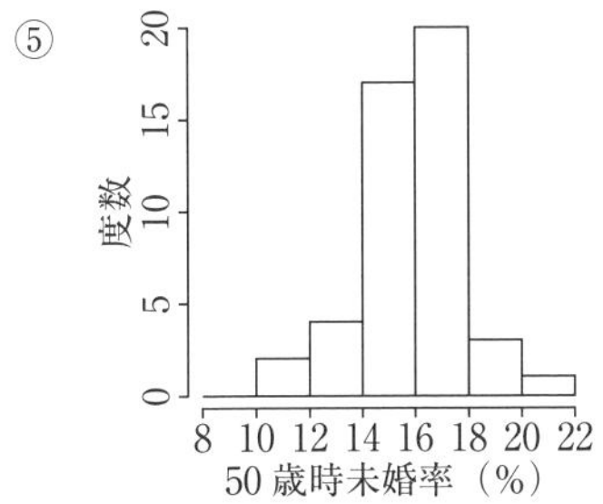

問 1 の解説　　正解　3

散布図より，2015 年における女性の 50 歳時未婚率の度数分布表は以下のとおりとなる。

階級	度数
8%以上 10%未満	3
10%以上 12%未満	12
12%以上 14%未満	19
14%以上 16%未満	7
16%以上 18%未満	5
18%以上 20%未満	1

よって，正解は③である。

問2　散布図の読み取り

次の図は，1990 年および 2015 年のそれぞれにおける，47 都道府県の男性と女性の 50 歳時未婚率（50 歳時における未婚の割合，単位：%）の散布図である。

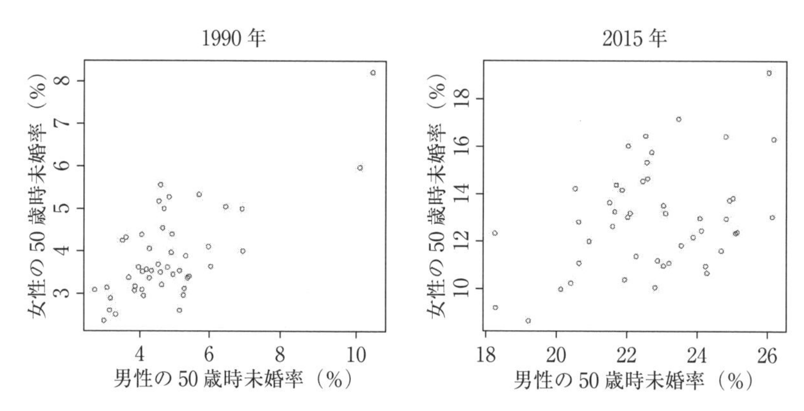

資料：国立社会保障・人口問題研究所「人口統計資料集」

散布図からわかることとして，次の①～⑤のうちから最も適切なものを一つ選べ。

① 1990 年において，女性の 50 歳時未婚率が 8%を超えている都道府県は 2 つある。
② 1990 年の男性の 50 歳時未婚率は，すべての都道府県において 10%未満である。
③一部の都道府県では，2015 年における男性の 50 歳時未婚率が 1990 年よりも低い。
④ 2015 年において，すべての都道府県で女性の 50 歳時未婚率は男性の 50 歳時未婚率よりも低い。
⑤ 2015 年において，女性の 50 歳時未婚率が最も低い都道府県は，男性の 50 歳時未婚率も最も低い。

問2の解説　　正解　4

①：誤り。1990年の女性の50歳時未婚率が8％を超えている都道府県は1つしかない。

②：誤り。1990年の男性の50歳時未婚率が10％を超えている都道府県が2つある。

③：誤り。1990年の男性の50歳時未婚率の最大値は約10.5％であり，2015年の男性の50歳時未婚率の最小値は約18.2％である。このことから，すべての都道府県において，2015年の男性の50歳時未婚率は1990年よりも高い。

④：正しい。2015年において，すべての都道府県において男性の50歳時未婚率は18％以上であるのに対し，女性の50歳時未婚率は1つの都道府県を除いて18％未満である。また，女性の50歳時未婚率が18％を超えている唯一の都道府県においても，女性の50歳時未婚率は約19.2％であるのに対し，男性の50歳時未婚率は約26.2％である。

⑤：誤り。2015年における女性の50歳時未婚率が最も低い都道府県における男性の50歳時未婚率は約19.2％である。一方，男性の50歳時未婚率の最小値は約18.2％である。

よって，正解は④である。

問3　散布図の選択

B大学のある学科で国語と英語による入学試験を行った。試験はいずれも100点満点で，受験者は300人であった。国語と英語の得点の平均，分散，中央値は以下のとおりであった。

国語：　平均56.0　　分散236.6　　中央値58.0

英語：　平均59.1　　分散170.1　　中央値59.0

また，国語と英語の共分散は133.1であった。

国語と英語の散布図として，次の①～⑤のうちから最も適切なものを一つ選べ。

①
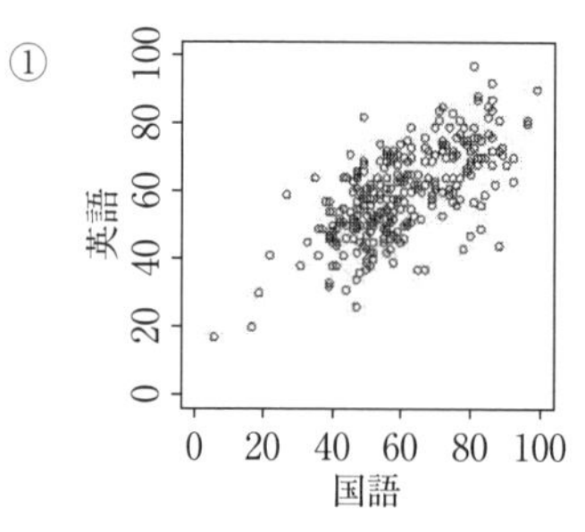

②
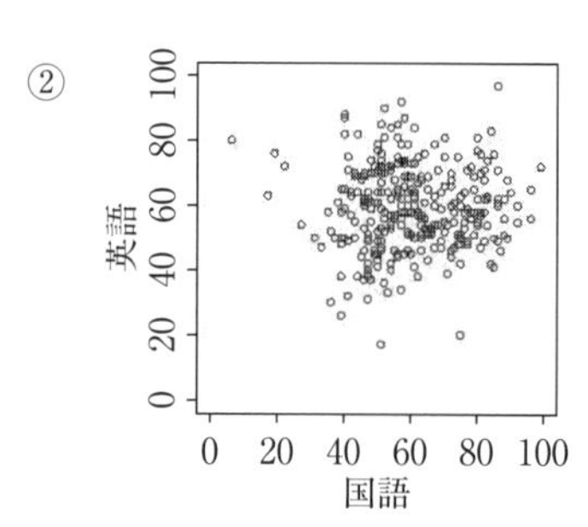

③
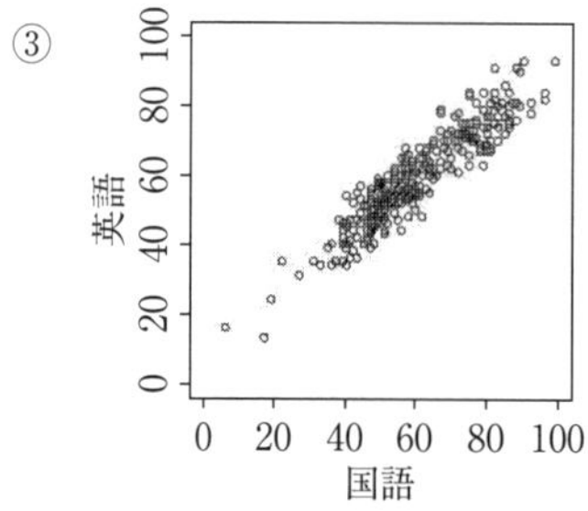

④
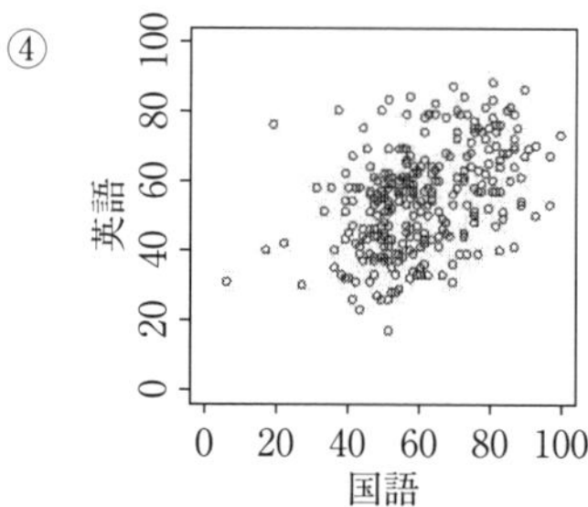

⑤
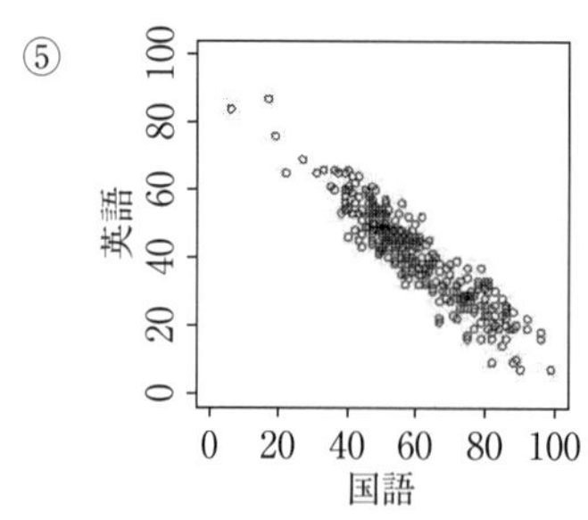

問3の解説　　正解　1

与えられた条件から相関係数は，$133.1/\sqrt{236.6 \times 170.1} = 0.66$ と計算できる。散布図から線形的な相関関係の有無や相関係数の符号，相関の強さを読み取ることは重要である。一般に，相関係数の絶対値が約 0.7 で明らかな線形関係，約 0.9 で強い線形関係が読み取れる。この場合，このことから，相関係数 0.66 に対応する散布図は①である。その他の図については，
②：ほぼ無相関（相関係数 0.03）
③：強い正の相関（相関係数 0.92）
④：弱い正の相関（相関係数 0.44）
⑤：強い負の相関（相関係数 −0.92）
であり，いずれも相関係数 0.66 には該当しない。

よって，正解は①である。

［**補足**］

一方の変数 (x) から他方の変数 (y) を回帰直線により説明するときに用いる決定係数 R^2 は相関係数 r の 2 乗に等しいので，$r = 0.7$，$r = 0.9$ のとき，それぞれ $R^2 = 0.7^2 \fallingdotseq 0.5$，$R^2 = 0.9^2 \fallingdotseq 0.8$ となり，y の変動のうち約 50%あるいは 80%が説明される。相関がこのくらい強いと 2 つの変数の関係は散布図から容易に読み取ることができる。

問4　散布図と相関・範囲

2015年12月1日から50日間の日平均気温，日最高気温，日最低気温についてそれぞれの組合せの散布図を作成した。

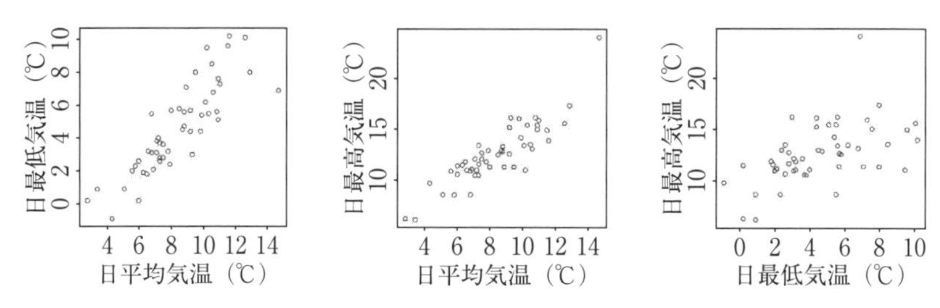

次の記述Ⅰ～Ⅲはこれらの散布図に関するものである。

Ⅰ．日平均気温と日最高気温の間には正の相関がある。
Ⅱ．日最低気温は日最高気温より範囲が小さい。
Ⅲ．日平均気温と日最低気温の間には負の相関がある。

記述Ⅰ～Ⅲに関して，次の①～⑤のうちから最も適切なものを一つ選べ。

① Ⅰのみ正しい。　② Ⅱのみ正しい。　③ Ⅲのみ正しい。
④ ⅠとⅡのみ正しい。　⑤ ⅠとⅢのみ正しい。

問4の解説　正解　4

Ⅰ．正しい。真ん中の散布図より，日平均気温と日最高気温の間には正の相関があることがわかる。
Ⅱ．正しい。右側の散布図より，日最低気温の範囲（およそ12℃）は日最高気温の範囲（およそ18℃）より小さいことがわかる。
Ⅲ．誤り。左側の散布図より，日平均気温と日最低気温の間には正の相関があることがわかる。

以上から，正しい記述はⅠとⅡのみなので，正解は④である。

問5　相関係数からの共分散計算

ある中学校の生徒 100 人が，国語と数学のテストを受けた。いずれも 100 点満点である。この結果，国語の得点の標準偏差は 12.5，数学の得点の標準偏差は 16.4，国語と数学の得点の相関係数は 0.72 であった。

国語と数学の得点の共分散はいくらか。次の①～⑤のうちから最も適切なものを一つ選べ。

① 112.5
② 147.6
③ 184.7
④ 193.7
⑤ 205.0

問5の解説　　正解　2

国語の得点を X，数学の得点を Y とし，X，Y の標準偏差をそれぞれ σ_X，σ_Y とする。また，X，Y の共分散を σ_{XY} とし，X，Y の相関係数を ρ_{XY} とする。このとき

$$\rho_{XY} = \sigma_{XY}/(\sigma_X\sigma_Y)$$

が成り立つ。この式を変形して

$$\sigma_{XY} = \sigma_X\sigma_Y\rho_{XY} = 12.5 \times 16.4 \times 0.72 = 147.6$$

となる。

よって，正解は②である。

問6 相関関係の記述

B大学のある学科で国語と英語による入学試験を行った。試験はいずれも100点満点であり，受験者は300人であった。国語と英語の点数の散布図は，次のようになった。

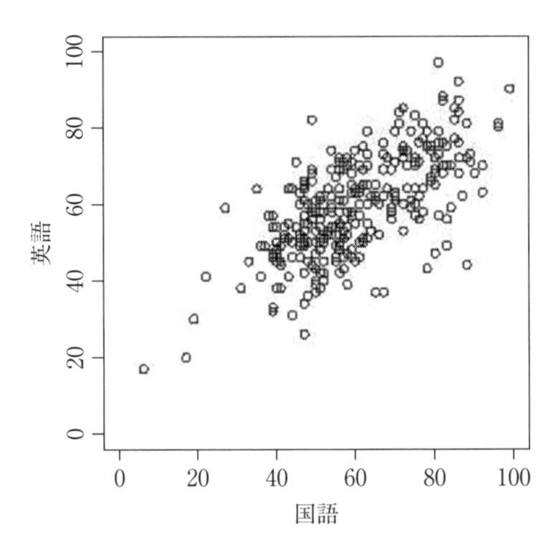

得点の合計が120点以上の受験者を合格としたとき，合格者の得点の相関に関する記述として，次の①～⑤のうちから最も適切なものを一つ選べ。

① 合格者は受験者300人の一部を取り出したものなので，合格者の得点の相関は受験者全体とほぼ変わらない。

② 合格者はいずれの科目も高い得点を取っているので，合格者は受験者全体よりも強い正の相関となる。

③ 合格者のみの得点の共分散や分散がわからないので，合格者の得点の相関が受験者全体よりも強くなるか弱くなるか，あるいはほぼ変わらないかは見当がつかない。

④ 国語と英語のどちらか片方だけがよい得点の受験者が多かったので，合格者の得点の相関は強い負の相関となる。

⑤ 国語と英語のどちらかの得点が高く，他方は低い合格者もいるので，合格者は受験者全体よりも相関が弱くなる。

問6の解説　　正解 5

与えられた散布図において2点(120, 0), (0, 120)を結ぶ直線よりも上にある観測値が合格者である。図より，合格者の相関は受験者全体の相関よりも弱い正の相関となることがわかり，それを説明しているのは⑤である。

よって，正解は⑤である。

［**補足**］

このように，元の散布図の一部を切り取ることによって生じる相関関係の変化を切断効果といい，実際のデータを考察する際には注意が必要である。

CATEGORY 3

データ収集の分野

問1 各標本抽出法の性質

さらなる満足度向上のため，A 航空では，ある日の搭乗客の一部に対して，運航は時間どおりだったか，揺れは少なかったか，客室乗務員に不満はなかったか等を調査することにした。調査の方法として，A 航空では次のⅠ～Ⅲの調査の方法を考えた。

Ⅰ. 当日のすべての搭乗客の名簿を作成し，無作為に 200 人に調査の電子メールを送付する。
Ⅱ. 午前に出発する便のグループと午後に出発する便のグループのそれぞれから無作為に 100 人の搭乗客を選び，チェックイン時に調査用紙を渡す。
Ⅲ. 当日の便の中から 2 便を無作為に選び，それらの便の搭乗客全員に降機時に調査用紙を渡す。

Ⅰ～Ⅲの調査法の組合せとして，次の①～⑤のうちから適切なものを一つ選べ。

① Ⅰ：系統抽出法　Ⅱ：集落抽出法　Ⅲ：二段抽出法
② Ⅰ：系統抽出法　Ⅱ：層化抽出法　Ⅲ：集落抽出法
③ Ⅰ：単純無作為抽出法　Ⅱ：系統抽出法　Ⅲ：二段抽出法
④ Ⅰ：単純無作為抽出法　Ⅱ：層化抽出法　Ⅲ：集落抽出法
⑤ Ⅰ：層化抽出法　Ⅱ：集落抽出法　Ⅲ：全数調査

問1の解説 正解 4

Ⅰ. 単純無作為抽出法。母集団である当日のすべての搭乗客に対して，無作為に（等しい確率で）200人抽出し調査を行っているので，単純無作為抽出法である。

Ⅱ. 層化（層別）抽出法。母集団であるすべての搭乗客を，午前に出発する便のグループと午後に出発する便のグループという，互いに被ることのないグループ（層）に分割し，それぞれの層から無作為に搭乗客を抽出し調査を行っているので，層化抽出法である。

Ⅲ. 集落（クラスター）抽出法。母集団であるすべての搭乗客を搭乗する飛行機ごとに互いに被ることのないグループ（クラスター）に分割し，無作為に抽出されたグループの搭乗客のすべてに対して調査を行っているので，集落抽出法である。

以上から，正解は④である。

問2 研究の形態

次のA，B，Cは，研究の方法を述べたものである。実験研究と観察研究の組合せとして，次の①～④のうちから最も適切なものを一つ選べ。

A．ある高校の卒業生で，国公立大学に進学した人と私立大学に進学した人に分けて，勉学にかかる費用について調査した。

B．ある病気の患者を無作為に2つのグループに分け，新しい治療法を適用するグループと従来からの治療法を適用するグループで，治療効果の違いを観察した。

C．ある大病院の肝硬変の患者に対して，平均して1日に3合以上飲酒していたか否かについて調査した。

① A：実験研究　B：実験研究　C：観察研究
② A：実験研究　B：観察研究　C：実験研究
③ A：観察研究　B：実験研究　C：実験研究
④ A：観察研究　B：実験研究　C：観察研究

問2の解説　正解 4

A．観察研究：大学入学後の経費の調査であり，大学進学先への介入は行っていない。

B．実験研究：治療効果の検証のために患者を2つのグループに無作為に割り付け，適用する治療法について介入を行っている。

C．観察研究：過去に1日平均3合以上飲酒していたかどうかの聞き取り調査をしており，飲酒行動への介入は行っていない。

以上から，正解は④である。

問3　フィッシャーの3原則

実験計画における「フィッシャーの3原則」とは,「無作為化」,「繰り返し」,「局所管理」である。次の記述Ⅰ～Ⅲは，この3原則に関するものである。

Ⅰ.「無作為化」により，制御できない要因の影響を偶然誤差に転化できる。
Ⅱ.「繰り返し」とは，同一の被験者から繰り返しデータを得ることである。同一の実験条件に複数の被験者を割り当てても「繰り返し」を行ったことにはならない。
Ⅲ.「局所管理」とは，実験全体をいくつかのブロックに分割し，実験を監督・監視する人を各ブロックに無作為に割り付けることを意味する。

記述Ⅰ～Ⅲに関して，次の①～⑤のうちから最も適切なものを一つ選べ。

①　Ⅰのみ正しい。
②　Ⅱのみ正しい。
③　Ⅲのみ正しい。
④　ⅠとⅡのみ正しい。
⑤　ⅠとⅡとⅢはすべて誤り。

問3の解説　　正解　1

Ⅰ. 正しい。「無作為化」とは，処理を無作為（ランダム）に割り付けることである。無作為化により,制御できない要因の影響を偶然誤差に転化できる。
Ⅱ. 誤り。「繰り返し」とは，同じ処理を複数回行うことであり，反復によって偶然誤差の大きさを評価することができる。人間を対象とした臨床試験では，個体差があるため多くの被験者に対するデータをとる必要があり，これも繰り返しとみなされる。
Ⅲ. 誤り。「局所管理」とは，実験条件（監督・監視する人ではない）をできる限り均一に保つように管理されたブロックに実験を分けることである。

以上から，正しい記述はⅠのみなので，正解は①である。

問4　非標本誤差

標本調査における誤差には標本誤差と非標本誤差がある。非標本誤差の例として，次の①～⑤のうちから適切でないものを一つ選べ。

① ある製品の認知度についての標本調査において，標本での認知度が母集団での認知度と一致しないという，母集団の一部しか抽出しないことで生じる誤差
② ある政策の是非を問う世論調査において，強い意見を持つ人は調査に応じるが，そうでない人は面倒なので調査に協力しないことで生じる誤差
③ ある地域における内閣支持率についてのインターネット調査において，インターネットを使わない人たちの回答が得られないことで生じる誤差
④ 調査が所得などのプライベートな質問項目を含む場合，質問に答えない人や不正確な回答をする人もいることで生じる誤差
⑤ 自動音声による電話調査において，回答者が質問の意味を正確に理解できなかったり，説明を聞き逃すことによって不正確な回答を含むことで生じる誤差

問4の解説　　正解　1

標本調査において，標本誤差は標本のとり方による偶然に生じる誤差である。標本誤差以外の，誤回答や未回答などに起因する誤差が非標本誤差である。

①：標本誤差。母集団の一部を抽出した標本に基づく結果に現れる誤差（母集団での値との差）は標本誤差である。

②：非標本誤差。調査に協力しないことはある特性を持つ人に起こりやすく，無視して分析すると調査結果に偏りが生じる可能性がある。このような誤差は非標本誤差である。

③：非標本誤差。インターネット調査はインターネットを利用しない人を排除するため，調査結果に偏りが生じる可能性がある。このような誤差は非標本誤差である。

④：非標本誤差。調査内容によって回答しない，正確に回答しないことはランダムに生じるものではない。得られた回答だけを用いて分析すると調査結果に偏りが生じる可能性がある。このような誤差は非標本誤差である。

⑤：非標本誤差。回答者が何らかの理由により質問内容を正確に理解できないということで無視すると調査結果に偏りが生じる可能性がある。このような誤差は非標本誤差である。

以上から，正解は①である。

CATEGORY 4

確率の分野

問1 積事象の確率

ある検定試験の対策講座が開講され，その対策講座を受講すれば70%の確率で検定試験に合格し，受講しなければ30%の確率で合格するものとする。検定試験の受験者が対策講座を受講する確率は20%であるとする。

検定試験を受験した人から無作為に1人選んだとき，その人が対策講座を受講した合格者である確率はいくらか。次の①～⑤のうちから最も適切なものを一つ選べ。

① 0.14
② 0.20
③ 0.24
④ 0.30
⑤ 0.70

問1の解説　　正解 1

検定試験に合格するという事象を A とし，対策講座を受講するという事象を B，その余事象を B^C とする。与えられた条件より，

$$P(A|B) = 0.7, \quad P(A|B^C) = 0.3, \quad P(B) = 0.2, \quad P(B^C) = 1 - 0.2 = 0.8$$

がそれぞれ成立する。対策講座を受講した合格者である確率は，$P(A \cap B)$ であり，条件付き確率の性質より

$$P(A \cap B) = P(B)P(A|B) = 0.2 \times 0.7 = 0.14$$

となる。

よって，正解は①である。

問2　ベイズの定理

いろいろな動物の絵がプリントされているクッキーを，工場Aと工場Bで生産している。工場Aで製造されたクッキーの箱の中には2%の確率でカモノハシの絵がプリントされているクッキーが入っており，工場Bで製造されたクッキーの箱の中には8%の確率でカモノハシの絵がプリントされているクッキーが入っている。ある商店では全商品のうち，70%を工場Aから，30%を工場Bから仕入れている。

仕入れたクッキーの箱を無作為に1個抽出したところ，箱の中にカモノハシの絵がプリントされているクッキーが入っていた。このとき，このクッキーが工場Aで製造された確率はいくらか。次の①～⑤のうちから最も適切なものを一つ選べ。

①　0.257　　②　0.368　　③　0.521　　④　0.630　　⑤　0.756

問2の解説　　正解　2

抽出されたクッキーにカモノハシの絵がプリントされているという事象をC, そのクッキーが工場A, Bで生産されたという事象を, それぞれA, Bとする。与えられた条件より,

$$P(C|A)=0.02,\quad P(C|B)=0.08,\quad P(A)=0.70,\quad P(B)=0.30$$

がそれぞれ成立する。したがって，求める確率は次のように計算できる。

$$P(A|C)=\frac{P(A\cap C)}{P(C)}=\frac{P(C|A)P(A)}{P(C|A)P(A)+P(C|B)P(B)}$$

$$=\frac{0.02\times 0.70}{0.02\times 0.70+0.08\times 0.30}=\frac{0.014}{0.014+0.024}=0.3684$$

よって，正解は②である。

問3 条件付き期待値

当たりを引く確率が1/10のくじがある。引いたくじは毎回元に戻してから次のくじを引くものとする。このくじを，初めて当たりが出るまで引き続ける。

5回くじを引いてすべて外れであった。このとき，いまから当たりが出るまでにくじを引く回数の期待値はいくらか。次の①～⑤のうちから適切なものを一つ選べ。

① 5回
② 10回
③ 15回
④ 20回
⑤ 25回

問3の解説　正解　2

当たりが出るまでにくじを引く回数を表す確率変数をXとする。幾何分布の無記憶性（引いたくじは毎回元に戻しているので，どのような結果が出た後でも当たりくじを引く確率は変わらないため，どの時点からカウントしても同じ分布になる）より，n回当たりが出なかったという条件の下で最初から数えて当たりが出るまでの回数が$n+k$回を超える条件付き確率は，これまでn回当たりが出なかったことを忘れて，いまからくじを引き始めたとして当たりが出るまでの回数がk回を超える確率と等しい。すなわち，

$$P(X > n + k | X > n) = P(X > k)$$

が成り立つ。したがって，いまから当たりを引くまでにくじを引く回数の期待値は，すでに5回くじを引いて当たりが出なかったことを忘れて，いまからくじを引き始めたとして当たりが出るまでの回数の期待値と等しく，$E(X) = 1/(1/10) = 10$回である。

よって，正解は②である。

問4　事象間の排反・独立

2つの事象 A, B に関して，次が成り立つとする。

$$P(A) = 0.4,\quad P(B) = 0.35,\quad P(A \cup B) = 0.61$$

これらから読み取れることとして，次の①～⑤のうちから適切なものを一つ選べ。

① 事象 A と B は独立であり，かつ，排反でもある。
② 事象 A と B は独立であるが，排反ではない。
③ 事象 A と B は排反であるが，独立ではない。
④ 事象 A と B は排反でも，独立でもない。
⑤ 事象 A と B は排反ではなく，また，独立であるかどうかはわからない。

問4の解説　正解 2

事象 A と B が独立であるとき，

$$P(A \cap B) = P(A)P(B)$$

が成り立つ。また，加法定理より

$$P(A \cap B) = P(A) + P(B) - P(A \cup B)$$

となる。したがって，問題文より，

$$P(A \cap B) = 0.4 + 0.35 - 0.61 = 0.14 = 0.4 \times 0.35 = P(A)P(B)$$

となるから，事象 A と B は独立である。

一方，事象 A と B が排反であるとき，

$$P(A \cap B) = P(\phi) = 0$$

が成り立つが，上記より事象 A と B は排反ではない。

よって，正解は②である。

問5　2段階実験確率変数の期待値

袋Aには赤玉が2個，白玉が3個入っており，袋Bには赤玉が1個，白玉が4個入っている。1から6の目が等しい確率で出るサイコロを1回投げて2以下の目が出たら袋Aから2回玉を取り出し，3以上の目が出たら袋Bから2回玉を取り出すこととする。玉を取り出す際はそのたびに元に戻すものとする。

サイコロを1回投げるとき，赤玉が取り出される回数をXとする。Xの期待値として，次の①～⑤ののうちから適切なものを一つ選べ。

① $\dfrac{4}{75}$

② $\dfrac{8}{75}$

③ $\dfrac{16}{75}$

④ $\dfrac{4}{15}$

⑤ $\dfrac{8}{15}$

問5の解説　　正解　5

赤玉が取り出される回数は，0，1，2のいずれかである。それぞれの確率は，

$$P[X=0]=\frac{2}{6}\times\left({}_2C_0\times\frac{3}{5}\times\frac{3}{5}\right)+\frac{4}{6}\times\left({}_2C_0\times\frac{4}{5}\times\frac{4}{5}\right)$$

$$=\frac{9+32}{3\times5\times5}=\frac{41}{75}$$

$$P[X=1]=\frac{2}{6}\times\left({}_2C_1\times\frac{2}{5}\times\frac{3}{5}\right)+\frac{4}{6}\times\left({}_2C_1\times\frac{1}{5}\times\frac{4}{5}\right)$$

$$=\frac{12+16}{3\times5\times5}=\frac{28}{75}$$

$$P[X=2]=\frac{2}{6}\times\left({}_2C_2\times\frac{2}{5}\times\frac{2}{5}\right)+\frac{4}{6}\times\left({}_2C_2\times\frac{1}{5}\times\frac{1}{5}\right)$$

$$=\frac{4+2}{3\times5\times5}=\frac{6}{75}$$

となる。したがって，Xの期待値は，

$$E[X]=0\times\frac{41}{75}+1\times\frac{28}{75}+2\times\frac{6}{75}$$

$$=\frac{40}{75}=\frac{8}{15}$$

となる。

よって，正解は⑤である。

問6 対戦順の説明の正誤

サークルの部室にいたS君は，隣の部室にお菓子をもらいに行った。隣の部室にはT君とU君がいて，自分たちと腕相撲を3回して2連勝した時点でお菓子をあげるという。S君の対戦順序には2つの選択肢があり，「T君－U君－T君」，または「U君－T君－U君」の順である。S君がT君に勝つ確率をp，U君に勝つ確率をqとし，$0<p<q<1$とする。ただし，各腕相撲の試合の勝敗は互いに独立とする。

S君は，U君なら勝ちやすいと考えて，U君とより多く対戦する「U君－T君－U君」の順が有利だと考えた。この選択に対する説明として，次の①～⑤のうちから適切なものを一つ選べ。

① 「T君－U君－T君」のほうがお菓子獲得の確率は高いので，S君の選択は好ましくない。
② 「U君－T君－U君」のほうがお菓子獲得の確率は高いので，S君の選択は好ましい。
③ pとqの具体的な値によってお菓子獲得の確率は変わるので，S君の選択については何も言えない。
④ どちらの選択をしてもお菓子獲得の確率は変わらないので，S君の選択でも問題はない。
⑤ お菓子獲得の確率は，実はT君とU君との対戦順序や対戦回数にもよらないので，どんな対戦の仕方でもよい。

問6の解説　　正解　1

「T君－U君－T君」の順で勝負して勝つ確率は1，2回目に「T君－U君」と勝つ確率がpq，1回目にはT君に負け，2，3回目に「U君－T君」と勝つ確率が$(1-p)qp$である。つまり，求める確率は$pq+(1-p)qp=pq+qp-pqp$である。

同様に考えると，「U君－T君－U君」の順で勝負して勝つ確率は$qp+pq-qpq$である。$0<p<q<1$に注意すると

$$(pq+qp-pqp)-(qp+pq-qpq)=pq(q-p)>0$$

したがって，pとqの具体的な値によらず，T君と2回対戦する「T君－U君－T君」のほうがS君に有利である。

よって，正解は①である。

CATEGORY 5

確率分布の分野

問1 確率分布の定数の決定

ある町内において，1か月の1人暮らしの水道使用量（単位：m^3）は連続型確率変数Xで表され，その確率密度関数$f(x)$は次のように与えられているとする。

$$f(x)=\begin{cases} a\left(1-\dfrac{x}{20}\right) & (0 \leq x \leq 20) \\ 0 & (x<0 \text{ または } x>20) \end{cases}$$

ただし，aは正の定数である。

定数aの値として，次の①〜⑤のうちから適切なものを一つ選べ。

① 1

② $\dfrac{1}{2}$

③ $\dfrac{1}{5}$

④ $\dfrac{1}{10}$

⑤ $\dfrac{1}{20}$

問 1 の解説　　正解　4

確率密度関数 $f(x)$ は

$$f(x) \geq 0 \text{ かつ } \int_{-\infty}^{\infty} f(x)\,dx = 1$$

を満足する関数である。よって，$\int_{-\infty}^{\infty} f(x)\,dx = 1$ を満足するように正の a を求めると，

$$\int_{-\infty}^{\infty} f(x)\,dx = \int_{0}^{20} a\left(1 - \frac{x}{20}\right)dx = a\int_{0}^{20}\left(1 - \frac{x}{20}\right)dx$$

$$= a\left[x - \frac{x^2}{40}\right]_0^{20} = 10a = 1$$

これより，$a = \frac{1}{10}$ となる。

よって，正解は④である。

問2 正規確率の計算

確率変数 X は期待値 2，分散 9 の正規分布 $N(2,\ 9)$ に従うとする。

このとき，確率 $P(-1 < X \leq 4)$ はいくらか。次の①～⑤のうちから最も適切なものを一つ選べ。

① 0.16
② 0.22
③ 0.34
④ 0.41
⑤ 0.59

問2の解説　　正解　5

確率変数$Z=(X-2)/3$と定義すると, Zは標準正規分布に従う。したがって,

$$
\begin{aligned}
P(-1<X\leq 4)&=P\left(\frac{-1-2}{3}<\frac{X-2}{3}\leq\frac{4-2}{3}\right)\\
&=P\left(-1<Z\leq\frac{2}{3}\right)\\
&=1-P\left(Z>\frac{2}{3}\right)-P(Z\leq -1)\\
&=1-P\left(Z>\frac{2}{3}\right)-P(Z\geq 1)\\
&\fallingdotseq 1-0.252-0.1587=0.5893
\end{aligned}
$$

となる。なお, $P(Z>2/3)$ の値は付表1（巻末参照）の $u=0.66$ と $u=0.67$ の間を線形補間して求めた。

以上から, 正解は⑤である。

問3 確率変数の関数の期待値

ある町内において，1か月の1人暮らしの水道使用量（単位：m^3）は連続型確率変数 X で表され，その確率密度関数 $f(x)$ は次のように与えられているとする。

$$f(x)=\begin{cases}\dfrac{1}{10}\left(1-\dfrac{x}{20}\right) & (0\leq x\leq 20)\\ 0 & (x<0\ \text{または}\ x>20)\end{cases}$$

一方，水道使用料金は $0\leq x<10$ の水道使用量に対しては1000円，$10\leq x<15$ の水道使用量に対しては1120円，$x\geq 15$ の水道使用量に対しては1280円とする。

このとき，1か月の水道使用料金の期待値はいくらか。次の①～⑤のうちから適切なものを一つ選べ。

① 520円
② 1040円
③ 1250円
④ 1820円
⑤ 2520円

問3の解説　　正解　2

関数 $g(x)$ を

$$g(x)=\begin{cases}1000, & 0\le x<10\\ 1120, & 10\le x<15\\ 1280, & x\ge 15\end{cases}$$

とする。このとき，1か月の水道使用料金は $g(X)$ となり，その期待値は，

$$\begin{aligned}
E[g(x)] &= \int_{-\infty}^{\infty} g(x)\,f(x)\,dx\\
&= \int_0^{10} 1000\,\frac{1}{10}\left(1-\frac{x}{20}\right)dx+\int_{10}^{15} 1120\,\frac{1}{10}\left(1-\frac{x}{20}\right)dx\\
&\quad+\int_{15}^{20} 1280\,\frac{1}{10}\left(1-\frac{x}{20}\right)dx\\
&= \int_0^{10} 100\left(1-\frac{x}{20}\right)dx+\int_{10}^{15} 112\left(1-\frac{x}{20}\right)dx+\int_{15}^{20} 128\left(1-\frac{x}{20}\right)dx\\
&= 128\int_0^{20}\left(1-\frac{x}{20}\right)dx+(112-128)\int_0^{15}\left(1-\frac{x}{20}\right)dx\\
&\quad+(100-112)\int_0^{10}\left(1-\frac{x}{20}\right)dx\\
&= 128\left[x-\frac{x^2}{40}\right]_0^{20}-16\left[x-\frac{x^2}{40}\right]_0^{15}-12\left[x-\frac{x^2}{40}\right]_0^{10}\\
&= 1280-150-90=1040
\end{aligned}$$

となる。

よって，正解は②である。

［**補足**］

上式の5～6行目の等号は計算を簡素化するための工夫であり，積分の性質

$$\int_a^b h(x)\,dx=\int_0^b h(x)\,dx-\int_0^a h(x)\,dx$$

を利用した。

問4　2項分布の正規近似

ある選挙において，100 人の投票者に出口調査を行ったところ，A 候補に投票した人は 54 人であった。出口調査は単純無作為抽出に基づくとし，二項分布は近似的に正規分布に従うとする。A 候補の真の得票率を p，A 候補の標本得票率を表す確率変数を $\hat{p}$ とするとき，$P(|\hat{p}-p| \leq 0.1)$ の近似値として，次の ①〜⑤のうちから最も適切なものを一つ選べ。

① 0.02
② 0.31
③ 0.54
④ 0.69
⑤ 0.96

問4の解説　　正解　5

母比率の推定値である標本比率を $\hat{p}$，標本サイズを n とする。n が十分大きいとき，$\hat{p}$ の分布は平均 p，分散 $p(1-p)/n$ の正規分布で近似できる。また，標準誤差の推定値は

$$\sqrt{\frac{\hat{p}(1-\hat{p})}{n}}$$

で近似できる。A 候補の得票率の推定値は $\hat{p} = 54/100 = 0.54$，標本サイズは $n = 100$ であるから，標準誤差の推定値は

$$\sqrt{\frac{0.54(1-0.54)}{100}} = \sqrt{0.002484} \fallingdotseq 0.0498$$

となる。したがって，求める確率は次のようになる。ここで，Z は標準正規分布に従う確率変数である。

$$P(|\hat{p}-p| \leq 0.1) = P\left(\left|\frac{(\hat{p}-p)}{\sqrt{\hat{p}(1-\hat{p})/n}}\right| \leq \frac{0.1}{0.0498}\right) \approx P(|Z| \leq 2.01)$$

$$= 1 - P(|Z| > 2.01) = 1 - 2 \times 0.0222 = 0.9556$$

よって，正解は⑤である。

問5　2項確率の比

1から6の目が等しい確率で出るサイコロを7回投げるとき，2以下の目が出る回数をXとする。このとき，$P(X=x+1)$と$P(X=x)$の比は，下のようになる（ただし，$x=0,\ 1,\ \cdots,\ 6$）。

$$\frac{P(X=x+1)}{P(X=x)}=\frac{-x+a}{2x+b}$$

a，bに入る数字の組合せとして，次の①～⑤のうちから適切なものを一つ選べ。

① $a=5,\quad b=3$
② $a=7,\quad b=2$
③ $a=9,\quad b=3$
④ $a=9,\quad b=5$
⑤ $a=9,\quad b=7$

問5の解説　　正解　2

$P(x)=P(X=x)$とすると，一般に，Xがパラメータn，pの二項分布$B(n,\ p)$に従うとき，

$$\frac{P(x+1)}{P(x)}=\frac{\dfrac{n!}{(x+1)!(n-x-1)!}p^{x+1}q^{n-x-1}}{\dfrac{n!}{x!(n-x)!}p^{x}q^{n-x}}=\frac{(n-x)p}{(x+1)q}$$

ここで，$q=1-p$である。問題の設定では，$n=7$，$p=\dfrac{1}{3}$なので，

$$\frac{P(x+1)}{P(x)}=\frac{(7-x)}{2(x+1)}=\frac{-x+7}{2x+2}$$

となる。

よって，$a=7$，$b=2$なので，正解は②である。

問6 分布形と歪度・尖度

分布の非対称性の大きさを表す指標として歪度があり，分布の尖り具合もしくは裾の広がり具合を表す指標として尖度がある。次の記述Ⅰ～Ⅲは，正規分布の歪度$=0$，尖度$=0$を基準とするときの歪度および尖度に関するものである。

Ⅰ．右に裾が長い分布では歪度は負の値になり，左に裾が長い分布では歪度は正の値になる。
Ⅱ．正規分布と比較して，中心部が平坦で裾が短い分布の尖度は正の値となり，尖っていて裾の長い分布の尖度は負の値となる。
Ⅲ．自由度$v(v>3)$のt分布の歪度は0になり，自由度$v(v>4)$のt分布において自由度が大きいほど尖度の絶対値は大きくなる。

記述Ⅰ～Ⅲに関して，次の①～⑤のうちから最も適切なものを一つ選べ。

① Ⅰのみ正しい。
② ⅠとⅡのみ正しい。
③ ⅠとⅢのみ正しい。
④ ⅠとⅡとⅢはすべて正しい。
⑤ ⅠとⅡとⅢはすべて誤り。

問6の解説　正解 5

Ⅰ．誤り。右に裾が長い分布では歪度は正の値になり，左に裾が長い分布では歪度は負の値になる。
Ⅱ．誤り。中心部が平坦で裾が短い分布の尖度は負の値となり，尖っていて裾の長い分布の尖度は正の値となる。
Ⅲ．誤り。自由度$v(>3)$のt分布の歪度は0になり，自由度$v(>4)$のt分布の尖度は$6/(v-4)$だから，自由度が大きいほど尖度の絶対値は小さくなる。

以上から，ⅠとⅡとⅢはすべて誤りなので正解は⑤である。

問7　$X-Y$の確率計算

ある世帯の毎年6月における電気料金は，平均4,000円，標準偏差500円の独立で同一の正規分布で近似される。

ある年において，6月の電気料金がその前年の6月の電気料金より800円以上高くなる確率はいくらか。次の①～⑤のうちから最も適切なものを一つ選べ。

① 0.027
② 0.110
③ 0.129
④ 0.212
⑤ 0.500

問7の解説　　正解　3

ある年における6月の電気料金をX，その前年の6月の電気料金をYと置く。$X-Y$は平均0，分散$500^2\times 2$の正規分布に従う。$W=(X-Y)/(500\sqrt{2})$は標準正規分布に従うので，求めたい確率は

$$
\begin{aligned}
P(X-Y\geq 800) &= P\left(W\geq \frac{800}{500\sqrt{2}}\right)\\
&\fallingdotseq P(W\geq 1.13)\\
&\fallingdotseq 0.1292
\end{aligned}
$$

となる。

よって，正解は③である。

問8　線形な変数変換，共分散，相関係数

2つの確率変数 X と Y に関して，期待値 $E[X]$，$E[Y]$，$E[XY]$ と分散 $V[X]$，$V[Y]$ が以下のようになっている。

$E[X]=2.0,\quad E[Y]=3.0,\quad E[XY]=6.3,\quad V[X]=1.0,\quad V[Y]=1.0$

X と Y に，それぞれ次のような線形な変数変換を施して，新しい確率変数 U と V をつくる。

$U=3X-2,\quad V=-2Y-4$

このとき，U と V の共分散 $\mathrm{Cov}[U,\ V]$ と相関係数 $r[U,\ V]$ の値として，次の①～⑤のうちから適切なものを一つ選べ。

① $\mathrm{Cov}[U,\ V]=0.3,\quad r[U,\ V]=-0.3$
② $\mathrm{Cov}[U,\ V]=6.0,\quad r[U,\ V]=0.3$
③ $\mathrm{Cov}[U,\ V]=-6.0,\quad r[U,\ V]=-0.3$
④ $\mathrm{Cov}[U,\ V]=-1.8,\quad r[U,\ V]=-0.3$
⑤ $\mathrm{Cov}[U,\ V]=-1.8,\quad r[U,\ V]=0.3$

問8の解説　　正解　4

$$\mathrm{Cov}[X,\ Y]=E[XY]-E[X]E[Y]=6.3-2.0\times3.0=0.3$$

である。したがって，

$$\mathrm{Cov}[U,\ V]=3\times(-2)\times\mathrm{Cov}[X,\ Y]=-1.8$$

$$r[X,\ Y]=\frac{\mathrm{Cov}[X,\ Y]}{\sqrt{V[X]V[Y]}}=\frac{0.3}{\sqrt{1\times1}}=0.3$$

$$r[U,\ V]=\mathrm{sign}(3\times(-2))\,r[X,\ Y]=(-1)\times0.3=-0.3$$

（ここで，sign は符号関数であり正の数には 1，0 には 0，負の数には -1 を返す関数）

よって，正解は④である。

CATEGORY 6

標本分布の分野

問1 標本割合 $\hat{p}$ の標本分布

標本の大きさを n，標本比率を $\hat{p}$ とする。$\hat{p}$ は確率変数であり，n が十分大きいとき平均 p，標準偏差 $\sqrt{\dfrac{p(1-p)}{n}}$ の正規分布にほぼ従う。したがって，$\hat{p}$ を標準化した確率変数 $Z=$（ア）は標準正規分布にほぼ従うので，$-1.96\leq$（ア）≤ 1.96 が95％の確率で成り立つ。これを変形すると $\hat{p}-$（イ）$\leq p \leq \hat{p}+$（イ）となり，この区間が p を含む確率は95％であることがわかる。この（イ）には未知の値 p が含まれるため，p の代わりに標本比率 $\hat{p}$ を用いることで p の近似的な信頼区間が得られる。

上の文中の（ア），（イ）に当てはまるものとして，次の①～⑤のうちから最も適切なものを一つ選べ。

① （ア）$\dfrac{\hat{p}-p}{\sqrt{p(1-p)}}$　（イ）$1.96\sqrt{np(1-p)}$

② （ア）$\dfrac{\hat{p}-p}{\sqrt{p(1-p)/n}}$　（イ）$1.96\sqrt{p(1-p)}$

③ （ア）$\dfrac{\hat{p}-p}{\sqrt{p(1-p)/n}}$　（イ）$1.96\sqrt{p(1-p)/n}$

④ （ア）$\dfrac{\hat{p}-p}{\sqrt{np(1-p)}}$　（イ）$1.96\sqrt{np(1-p)}$

⑤ （ア）$\dfrac{\hat{p}-p}{\sqrt{np(1-p)}}$　（イ）$1.96\sqrt{p(1-p)/n}$

問1の解説　　正解　3

標本比率$\hat{p}$はnが十分大きいとき平均p, 標準偏差$\sqrt{p(1-p)/n}$の正規分布にほぼ従うので，$\hat{p}$を標準化すると $Z=\dfrac{\hat{p}-p}{\sqrt{p(1-p)/n}}$ となり，これは標準正規分布にほぼ従う。したがって，近似的に$P(-1.96 \leq Z \leq 1.96)=0.95$となり，分母を払って整理すると

$$P(\hat{p}-1.96\sqrt{p(1-p)/n} \leq p \leq \hat{p}+1.96\sqrt{p(1-p)/n})=0.95$$

となる。このことより，

（ア）$\dfrac{\hat{p}-p}{\sqrt{p(1-p)/n}}$　　（イ）$1.96\sqrt{p(1-p)/n}$

である。

よって，正解は③である。

問2　標本分布の中央値等

既知の母集団 {2, 4, 6, 8} を考える。この母集団から大きさ2の標本 X_1, X_2 を無作為復元抽出する。この標本に対する標本平均を $\bar{X} = (X_1 + X_2)/2$ と置く。

$\bar{X}$ の（中央値，最頻値）の組合せとして，次の①～⑤のうちから適切なものを一つ選べ。

① (4.0, 5.0)
② (4.5, 6.0)
③ (5.0, 5.0)
④ (5.0, 6.0)
⑤ (6.0, 6.0)

問2の解説　　正解　3

X_1，X_2 は独立に次の分布に従う。

とり得る値	2	4	6	8
確率	1/4	1/4	1/4	1/4

このとき，標本 $(X_1,\ X_2)$ の実現値と $\bar{X}$ のとり得る値およびその確率は次のとおりとなる。

$(X_1,\ X_2)$ の実現値	(2, 2)	(2, 4) (4, 2)	(2, 6) (4, 4) (6, 2)	(2, 8) (4, 6) (6, 4) (8, 2)	(4, 8) (6, 6) (8, 4)	(6, 8) (8, 6)	(8, 8)
$\bar{X}$ のとり得る値	2.0	3.0	4.0	5.0	6.0	7.0	8.0
確率	1/16	2/16	3/16	4/16	3/16	2/16	1/16

この表より，

　中央値 $= 5.0$，　最頻値 $= 5.0$

となる。

よって，正解は③である。

問3 推定量の分散

2種類のコインA, Bの重さを両側天秤ばかりで量ることを考える。コインAの重さをa, コインBの重さをbとし, いずれも未知であるとする。AとBの両方を天秤の片側に乗せると2つのコインの合計の重さXが, AとBのそれぞれを天秤の両側に別々に乗せるとコインの重さの差Yが計測される。ただしXとYは誤差を含んでおり, 平均0, 分散σ^2の独立な確率変数ε_1, ε_2を用いて$X = a + b + \varepsilon_1$, $Y = a - b + \varepsilon_2$と表されるものとする。これら$X$と$Y$の和と差を2で割ることで, AとBの重さをそれぞれ推定することができる。

このとき, Bの重さの推定量の分散はいくらか。次の①〜⑤のうちから適切なものを一つ選べ。

① $\dfrac{\sigma^2}{4}$

② $\dfrac{\sigma^2}{3}$

③ $\dfrac{\sigma^2}{2}$

④ σ^2

⑤ $2\sigma^2$

問3の解説　　正解　3

コインBの重さbの推定量は,

$$\frac{X-Y}{2}=\frac{(a+b+\varepsilon_1)-(a-b+\varepsilon_2)}{2}$$

$$=b+\frac{\varepsilon_1-\varepsilon_2}{2}$$

であるので，この推定量の分散は$(\varepsilon_1-\varepsilon_2)/2$の分散となり，$\varepsilon_1$と$\varepsilon_2$が互いに独立なので$(\sigma^2+\sigma^2)/4=\sigma^2/2$となる。

よって，正解は③である。

［**補足**］

コインAの重さaの推定量についても同様に$(X+Y)/2=\{(a+b+\varepsilon_1)+(a-b+\varepsilon_2)\}/2=a+(\varepsilon_1+\varepsilon_2)/2$であるので，分散は$(\sigma^2+\sigma^2)/4=\sigma^2/2$となる。

この方法でコインAとBの重さを推定すると，合計2回量ることで，AとBそれぞれの重さの推定量の分散を$\sigma^2/2$とすることができる。一方，コインAとBをそれぞれ天秤の片側に乗せてAを1回，Bを1回量りそれぞれの計測値で重さを推定した場合，こちらも量った回数は合計2回であるが，推定量の分散はσ^2となり，問題文の方法で推定したほうが同じ回数でも高い精度で推定できることがわかる。

問4　和と差の確率変数の性質

確率変数 X は平均0，分散 $\sigma_1^2\ (>0)$ の正規分布に従い，確率変数 Y は平均0，分散 $\sigma_2^2\ (>0)$ の正規分布に従うとし，X と Y は互いに独立とする。ここで，$U = X + Y$，$V = X - Y$ と置く。

次の記述Ⅰ～Ⅲは確率変数 U と V に関するものである。

Ⅰ．U と V の平均は等しい。
Ⅱ．$\sigma_1^2 = \sigma_2^2$ のときのみ U と V は互いに独立である。
Ⅲ．σ_1^2 と σ_2^2 の値によらず U と V は同じ分布に従う。

記述Ⅰ～Ⅲに関して，次の①～⑤のうちから適切なものを一つ選べ。

① Ⅰのみ正しい。
② Ⅱのみ正しい。
③ Ⅲのみ正しい。
④ ⅠとⅡのみ正しい。
⑤ ⅠとⅡとⅢはすべて正しい。

問4の解説　　正解　5

確率変数 X と Y は互いに独立に正規分布に従うので，確率変数 $U=X+Y$ と $V=X-Y$ の同時分布は2変量正規分布である。また，確率変数 X と Y は互いに独立なので，U と V の分散と共分散は，

$$V[U]=V[X+Y]=V[X]+V[Y]=\sigma_1^2+\sigma_2^2$$
$$V[V]=V[X-Y]=V[X]+V[Y]=\sigma_1^2+\sigma_2^2$$
$$\begin{aligned}\mathrm{Cov}[U,\ V]&=\mathrm{Cov}[X+Y,\ X-Y]\\&=\mathrm{Cov}[X,\ X]-\mathrm{Cov}[X,\ Y]+\mathrm{Cov}[Y,\ X]-\mathrm{Cov}[Y,\ Y]\\&=V[X]-\mathrm{Cov}[X,\ Y]+\mathrm{Cov}[X,\ Y]-V[Y]\\&=\sigma_1^2-\sigma_2^2\end{aligned}$$

となる。このことから，周辺分布はそれぞれ

$$U\sim N(0,\ \sigma_1^2+\sigma_2^2),\quad V\sim N(0,\ \sigma_1^2+\sigma_2^2)$$

となる。

Ⅰ．正しい。確率変数 U と V の平均はどちらも0である。

Ⅱ．正しい。確率変数 U と V は2変量正規分布に従うので，相関係数が0となる場合のみ，互いに独立となる。

確率変数 U と V の相関係数は

$$\frac{\sigma_1^2-\sigma_2^2}{\sqrt{\sigma_1^2+\sigma_2^2}\sqrt{\sigma_1^2+\sigma_2^2}}=\frac{\sigma_1^2-\sigma_2^2}{\sigma_1^2+\sigma_2^2}$$

となる。したがって，相関係数が0となるのは，$\sigma_1^2=\sigma_2^2$ のときのみである。

Ⅲ．正しい。どちらも平均0，分散 $\sigma_1^2+\sigma_2^2$ の正規分布に従う。

以上から，正しい記述はⅠとⅡとⅢのすべてであるので，正解は⑤である。

問5　t 分布の確率計算

$X_1, \cdots, X_9$ は母平均 μ，母分散 σ^2 の正規母集団からの大きさ 9 の無作為標本とする。また $\bar{X}$ を $X_1, \cdots, X_9$ の標本平均とし，S^2 を不偏分散とする。このとき，$P(\bar{X} \geq \mu + 0.62S)$ の値を求めたい。

ここで，$T = \dfrac{\bar{X} - \mu}{\sqrt{S^2/9}}$ と置けば，この T は自由度（ア）の（イ）分布に従う。これより，

$$P(\bar{X} \geq \mu + 0.62S) = P\left(T \geq \frac{0.62S}{\sqrt{S^2/9}}\right) = P(T \geq 1.86)$$

が成立するので，求める確率の値は（ウ）であることがわかる。

上の文章中の（ア）〜（ウ）に当てはまる数値または用語の正しい組合せとして，次の①〜⑤のうちから最も適切なものを一つ選べ。

①（ア）9　（イ）t　（ウ）0.0484
②（ア）8　（イ）カイ二乗　（ウ）0.9802
③（ア）8　（イ）t　（ウ）0.0500
④（ア）7　（イ）カイ二乗　（ウ）0.9662
⑤（ア）7　（イ）t　（ウ）0.0536

問5の解説　　正解　3

確率変数 $X_i\,(i=1,\ \cdots,\ 9)$ が独立に $N(\mu,\ \sigma^2)$ に従うとき，その標本平均 $\bar{X}$ は $N(\mu,\ \sigma^2/9)$ に従う。さらに，不偏分散を S^2 とすると，$(\bar{X}-\mu)/\sqrt{S^2/9}$ は自由度 8（$=9-1$）の t 分布に従う。一方，

$$P(\bar{X} \geq \mu + 0.62S) = P\left(\frac{\bar{X}-\mu}{\sqrt{S^2/9}} \geq \frac{\mu + 0.62S - \mu}{\sqrt{S^2/9}}\right)$$

$$= P\left(\frac{\bar{X}-\mu}{\sqrt{S^2/9}} \geq 1.86\right)$$

となる。t 分布のパーセント点の表から，1.86 は自由度 8 の上側 5 パーセント点である。

よって，正解は③である。

問6 分散・共分散・相関係数

3つの試験科目の得点について，それぞれ標準化したものをX_1，X_2，X_3，それらの平均を$Y=(X_1+X_2+X_3)/3$とする。

X_1とX_2の相関係数，X_2とX_3の相関係数，X_1とX_3の相関係数がそれぞれ0.5である場合，X_1とYの相関係数はいくらか。次の①～⑤のうちから最も適切なものを一つ選べ。

① 0.42
② 0.52
③ 0.62
④ 0.72
⑤ 0.82

問6の解説　　正解　5

$V[X_1]=V[X_2]=V[X_3]=1$ であるから，X_i と X_j の相関係数は共分散と等しくなる。したがって，

$$\mathrm{Cov}[X_1,\ X_2]=\mathrm{Cov}[X_1,\ X_3]=\mathrm{Cov}[X_2,\ X_3]=\frac{1}{2}$$

$$\mathrm{Cov}[X_1,\ Y]=\mathrm{Cov}\left[X_1,\ \frac{X_1+X_2+X_3}{3}\right]=\frac{1+\frac{1}{2}+\frac{1}{2}}{3}=\frac{2}{3}$$

$$V[Y]=V\left[\frac{X_1+X_2+X_3}{3}\right]=\frac{1+1+1+2\times\frac{1}{2}+2\times\frac{1}{2}+2\times\frac{1}{2}}{9}=\frac{2}{3}$$

となる。したがって，X_1 と Y の相関係数は，

$$\frac{\mathrm{Cov}[X_1,\ Y]}{\sqrt{V[X_1]V[Y]}}=\frac{\frac{2}{3}}{\sqrt{1\times\frac{2}{3}}}=\frac{\sqrt{2}}{\sqrt{3}}\fallingdotseq 0.82$$

となる。

よって，正解は⑤である。

［**補足**］

個別の変数同士の相関係数よりも，各変数の平均との相関係数が高くなることがある。

PART 1 統計検定2級受験ガイド
PART 2 分野・項目別の問題・解説
PART 3 模擬テスト
APPENDIX 付表

問7　X^2 の期待値

X は平均 μ，分散 σ^2 の分布に従うものとし，μ と σ^2 はともに未知であるとする。

X^2 の期待値として，次の①～⑤のうちから適切なものを一つ選べ。

① μ^2
② $\mu^2 - \sigma^2$
③ $\mu^2 + \sigma^2$
④ $(\mu + \sigma)^2$
⑤ $\mu^2 + 3\sigma^2$

問7の解説　　正解　3

X の分散は

$$\sigma^2 = V[X] = E[X^2] - (E[X])^2 = E[X^2] - \mu^2$$

であるので，

$$E[X^2] = \mu^2 + \sigma^2$$

となる。

よって，正解は③である。

問8　F 分布の特徴付け

確率変数 $Z_1, Z_2, Z_3, Z_4, Z_5, Z_6$ は，互いに独立に標準正規分布に従うとする。

$$T = Z_2^2 + Z_3^2 + Z_4^2 + Z_5^2 + Z_6^2 \quad ; \qquad V = Z_1/\sqrt{T/5}, \quad W = (T/5)/Z_1^2$$

と置くと，V は（ア）分布，W は（イ）分布に従う。このとき，巻末の数表から直接的には読み取れない $P(W \leq a) = 0.05$ を満たす正の実数 a の値を求める。ここで，$V^2 = 1/W$ なる関係を利用すれば，

$$P(W \leq a) = P(1/W \geq 1/a) = P(V^2 \geq 1/a) = P(|V| \geq 1/\sqrt{a}) = 0.05$$

が成立する。これより，$a =$（ウ）であることがわかる。

（ア）　A1：自由度 5 の χ^2　　A2：自由度 4 の t　　A3：自由度 5 の t

（イ）　B1：自由度 (1, 5) の F　　B2：自由度 (5, 1) の F

（ウ）　C1：0.13　　C2：0.15

文中の（ア），（イ），（ウ）に当てはまるものの組合せとして，次の①～⑤のうちから適切なものを一つ選べ。

① （ア）A1　（イ）B1　（ウ）C1

② （ア）A2　（イ）B1　（ウ）C1

③ （ア）A2　（イ）B2　（ウ）C1

④ （ア）A3　（イ）B1　（ウ）C2

⑤ （ア）A3　（イ）B2　（ウ）C2

問8の解説　　正解　5

（ア）Tは，互いに独立に標準正規分布に従う5個の確率変数Z_2，Z_3，Z_4，Z_5，Z_6の2乗和だから，自由度5のχ^2分布に従う。また，Vの分子のZ_1は標準正規分布に従い，かつVの分母のTとは互いに独立である。したがって，Vは自由度5のt分布に従う。すなわち，A3が正しい。

（イ）Wの分子のTは，自由度5のχ^2分布に従う。また，Wの分母のZ_1^2は，自由度1のχ^2分布に従い，かつ分子のTとは互いに独立だから，Wは自由度(5, 1)のF分布に従う。すなわち，B2が正しい。

（ウ）与えられた式$P\left(|V| \geq \frac{1}{\sqrt{a}}\right) = 0.05$より，$1/\sqrt{a}$は自由度5の$t$分布の上側2.5%点であることがわかる。したがって，t分布表より$1/\sqrt{a} = 2.571$であり，これから$a = 0.151$となる。すなわち，C2が正しい。

以上から，正解は⑤である。

推定の分野

問1 推定値と標準誤差

次の表は，北海道および沖縄県において，過去1年間に野球（キャッチボールを含む）を行った15歳以上の割合（行動者率）をまとめたものである。

都道府県	標本サイズ	野球の行動者率(%)	15歳以上の推定人口(千人)
北海道	4,633	7.1	4,542
沖縄県	2,849	9.2	1,150

資料：総務省「平成28年社会生活基本調査」

ここで，データは単純無作為抽出されたとする。また，上の表の15歳以上の推定人口には誤差がなく真の15歳以上人口であるとする。

次の文章は北海道と沖縄県の全体における野球の行動者の母比率の推定について述べたものである。

「表の数値をそれぞれ

$$n_1 = 4633,\quad \hat{p}_1 = 0.071,\quad N_1 = 4542 \times 10^3$$
$$n_2 = 2849,\quad \hat{p}_2 = 0.092,\quad N_2 = 1150 \times 10^3$$

と置く。このとき北海道と沖縄県の全体における野球の行動者の母比率の推定値は（ア）となり，その標準誤差は（イ）となる。」

文中の（ア），（イ）に当てはまるものの組合せとして，次の①～⑤のうちから適切なものを一つ選べ。

① （ア）$\dfrac{N_1\hat{p}_1 + N_2\hat{p}_2}{N_1 + N_2}$　（イ）$\left| \sqrt{\dfrac{\hat{p}_1(1-\hat{p}_1)}{n_1}} - \sqrt{\dfrac{\hat{p}_2(1-\hat{p}_2)}{n_2}} \right|$

② （ア）$\dfrac{N_1\hat{p}_1 + N_2\hat{p}_2}{N_1 + N_2}$

（イ）$\sqrt{\left(\dfrac{N_1}{N_1 + N_2}\right)^2 \dfrac{\hat{p}_1(1-\hat{p}_1)}{n_1} + \left(\dfrac{N_2}{N_1 + N_2}\right)^2 \dfrac{\hat{p}_2(1-\hat{p}_2)}{n_2}}$

③ （ア）$\dfrac{\hat{p}_1 + \hat{p}_2}{2}$　（イ）$\dfrac{1}{2}\sqrt{\dfrac{\hat{p}_1(1-\hat{p}_1)}{n_1}} + \dfrac{1}{2}\sqrt{\dfrac{\hat{p}_2(1-\hat{p}_2)}{n_2}}$

④ （ア）$\dfrac{\hat{p}_1 + \hat{p}_2}{2}$　（イ）$\dfrac{1}{2}$

⑤ （ア）$\hat{p}_1 + \hat{p}_2$　（イ）$\sqrt{\dfrac{1}{n_1 + n_2}}$

問1の解説　正解　2

北海道と沖縄県の人口をそれぞれN_1，N_2とし，母比率をp_1，p_2，標本比率を$\hat{p}_1$，$\hat{p}_2$，標本サイズをn_1，n_2と置く。2つの道県全体における母比率pは

$$p = \frac{N_1 p_1 + N_2 p_2}{N_1 + N_2}$$

であるから，その推定値は

$$\hat{p} = \frac{N_1 \hat{p}_1 + N_2 \hat{p}_2}{N_1 + N_2}$$

で与えられる。この$\hat{p}$の分散は

$$\begin{aligned} V[\hat{p}] &= \left(\frac{N_1}{N_1 + N_2}\right)^2 V[\hat{p}_1] + \left(\frac{N_2}{N_1 + N_2}\right)^2 V[\hat{p}_2] \\ &= \left(\frac{N_1}{N_1 + N_2}\right)^2 \frac{p_1(1-p_1)}{n_1} + \left(\frac{N_2}{N_1 + N_2}\right)^2 \frac{p_2(1-p_2)}{n_2} \end{aligned}$$

である。よって$\hat{p}$の標準誤差は

$$\mathrm{se}(\hat{p}) = \sqrt{\left(\frac{N_1}{N_1 + N_2}\right)^2 \frac{\hat{p}_1(1-\hat{p}_1)}{n_1} + \left(\frac{N_2}{N_1 + N_2}\right)^2 \frac{\hat{p}_2(1-\hat{p}_2)}{n_2}}$$

となる。

よって，正解は②である。

［補足］

参考までにpの推定値と標準誤差の値を計算しておく。上で得た式に

$$N_1 = 4542 \times 10^3, \quad N_2 = 1150 \times 10^3,$$

$$\hat{p}_1 = 0.071, \quad \hat{p}_2 = 0.092,$$

$$n_1 = 4633, \quad n_2 = 2849$$

を代入して計算すると，pの推定値は

$$\hat{p} = \frac{4542 \times 0.071 + 1150 \times 0.092}{4542 + 1150} = 0.798 \times 0.071 + 0.202 \times 0.092 = 0.075$$

となり，標準誤差は

$$\begin{aligned} \mathrm{se}(\hat{p}) &= \sqrt{0.798^2 \times 0.071 \times (1-0.071)/4633 + 0.202^2 \times 0.092 \times (1-0.092)/2849} \\ &= 0.0032 \end{aligned}$$

となる。

問2 μ^2 の不偏推定量

$X_1, \cdots, X_n$ は平均 μ, 分散 σ^2 の分布に互いに独立に従うものとし, μ と σ^2 はともに未知であるとする。次の文章は σ^2 と μ^2 の推定量について述べたものである。

「$X_1, \cdots, X_n$ の標本平均を $\bar{X} = \dfrac{1}{n}\sum_{i=1}^{n} X_i$ と置く。(ア) は σ^2 の不偏推定量であるので, μ^2 の不偏推定量の1つは (イ) で与えられる。」

(ア), (イ) に当てはまるものの組合せとして, 次の①〜⑤のうちから適切なものを一つ選べ。

① (ア) $\hat{\sigma}^2 = \dfrac{1}{n-1}\sum_{i=1}^{n}(X_i - \bar{X})^2$ (イ) $\bar{X}^2 - \hat{\sigma}^2$

② (ア) $\hat{\sigma}^2 = \dfrac{1}{n-1}\sum_{i=1}^{n}(X_i - \bar{X})^2$ (イ) $\bar{X}^2 - \dfrac{\hat{\sigma}^2}{n}$

③ (ア) $\hat{\sigma}^2 = \dfrac{1}{n}\sum_{i=1}^{n}(X_i - \bar{X})^2$ (イ) $\bar{X}^2 - \hat{\sigma}^2$

④ (ア) $\hat{\sigma}^2 = \dfrac{1}{n}\sum_{i=1}^{n}(X_i - \bar{X})^2$ (イ) $\bar{X}^2 - \dfrac{\hat{\sigma}^2}{n}$

⑤ (ア) $\hat{\sigma}^2 = \dfrac{1}{n}\sum_{i=1}^{n}(X_i - \bar{X})^2$ (イ) $\bar{X}^2$

問2の解説　　正解　2

標本の平均からの偏差の2乗和の期待値は，

$$E\left[\sum_{i=1}^{n}(X_i-\bar{X})^2\right]=E\left[\sum_{i=1}^{n}\{(X_i-\mu)-(\bar{X}-\mu)\}^2\right]$$

$$=\sum_{i=1}^{n}E[(X_i-\mu)^2]-nE[(\bar{X}-\mu)^2]$$

$$=\sum_{i=1}^{n}E[(X_i-\mu)^2]-nE\left[\left\{\frac{1}{n}\sum_{i=1}^{n}(X_i-\mu)\right\}^2\right]$$

$$=n\sigma^2-n\frac{n\sigma^2}{n^2}=(n-1)\sigma^2$$

となるので，

$$\hat{\sigma}^2=\frac{1}{n-1}\sum_{i=1}^{n}(X_i-\bar{X})^2$$

が σ^2 の不偏推定量となる。また，

$$E\left[\sum_{i=1}^{n}(X_i-\bar{X})^2\right]=\sum_{i=1}^{n}E[X_i^2]-nE[\bar{X}^2]$$

という関係式から

$$E[\bar{X}^2]=\frac{1}{n}\left(\sum_{i=1}^{n}E[X_i^2]-E\left[\sum_{i=1}^{n}(X_i-\bar{X})^2\right]\right)$$

$$=\frac{1}{n}\{n(\mu^2+\sigma^2)-(n-1)\sigma^2\}=\mu^2+\frac{\sigma^2}{n}$$

となる。ここで，$\hat{\sigma}^2$ は σ^2 の不偏推定量なので，

$$\bar{X}^2-\frac{\hat{\sigma}^2}{n}$$

は μ^2 の不偏推定量となる。

よって，正解は②である。

［**補足**］

$\bar{X}$ の分散が

$$\frac{\sigma^2}{n}=V[\bar{X}]=E[\bar{X}^2]-\mu^2$$

という関係式を用いても，（イ）の結果が導出できる。

問3 p が未知の標本サイズ

10万人以上の有権者がいる都市がある。有権者を対象とする単純無作為抽出による標本調査で，ある政策の支持率を区間推定したい。信頼係数95%の信頼区間の幅が6%以下となるようにするには，少なくとも何人以上の有権者を調査すればよいかを知りたい。ただし，調査された人は必ず支持または不支持のいずれかを回答するものとし，二項分布は近似的に正規分布に従うとする。

もし，政策の支持率について事前の情報がまったくないときは，少なくとも何人以上の有権者を調査すればよいか。次の①～⑤のうちから最も適切なものを一つ選べ。

①　400　　②　700　　③　900　　④　1100　　⑤　1600

問3の解説　　正解　4

10万人以上の有権者がいることから，母集団は十分に大きく，単純無作為抽出による標本調査における，ある政策の支持者の人数は二項分布に従うと考えてよい。

よって，調査する有権者数を n とするとき，二項分布の正規近似によって標本比率 $\hat{p}$ は近似的に正規分布 $N(p, p(1-p)/n)$ に従い，信頼係数95%の信頼区間は

$$\hat{p} - 1.96\sqrt{\frac{p(1-p)}{n}} \leq p \leq \hat{p} + 1.96\sqrt{\frac{p(1-p)}{n}}$$

となる。この信頼区間の幅 $2 \times 1.96\sqrt{\frac{p(1-p)}{n}}$ を6%以下にするためには，

$2 \times 1.96\sqrt{\frac{p(1-p)}{n}} \leq 0.06$ を解くことで，

$$n \geq \left(\frac{2 \times 1.96}{0.06}\right)^2 p(1-p)$$

が得られる。ここで，政策の支持率 p について事前の情報がまったくないときは，安全のため $p(1-p)$ が最大となる $p = 0.5$ と置くと近似的に $n \geq 1067.11$ という不等式が成立する。

よって，正解は④である。

問4　捕獲再捕獲法信頼区間

ある池には総数 N 匹の魚がいる。この池から 300 匹の魚を捕獲し，目印を付けて池に戻す。十分時間が経過してから，再び 200 匹を捕獲して調べたところ，目印の付いている魚が 20 匹いた。N が十分大きいとしたときの，目印の付いている魚の比率 p の 95%信頼区間として，次の①～⑤のうちから最も適切なものを一つ選べ。

① 0.100 ± 0.017
② 0.100 ± 0.021
③ 0.100 ± 0.034
④ 0.100 ± 0.042
⑤ 0.100 ± 0.131

問4の解説　　正解 4

池には無数の魚がいると仮定し，目印の付いている魚の比率（母比率）を p，母比率の推定量である標本比率を $\hat{p}$，標本サイズを n とする。中心極限定理により n が大きいとき，

$$Z = \frac{\hat{p} - p}{\sqrt{\dfrac{p(1-p)}{n}}}$$

は近似的に標準正規分布に従う。また，分母の p を $\hat{p}$ で置き換えることによって，$\hat{p}$ の標準誤差（の推定量）は

$$\sqrt{\frac{\hat{p}(1-\hat{p})}{n}}$$

で与えられる。標本サイズは 200 匹であり，そのときの標本比率の値は $\hat{p} = \dfrac{20}{200} = 0.100$ であるから，標準誤差の推定値は

$$\sqrt{\frac{0.100 \times (1 - 0.100)}{200}} = 0.0212$$

となる。したがって，母比率の 95%信頼区間は，

$$0.100 \pm 1.96 \times 0.0212 = 0.100 \pm 0.041552$$

となる。選択肢の中で最も近いのは 0.100 ± 0.042 である。

よって，正解は④である。

問5　非正規母集団に対する母平均の信頼区間

次の表は，日本全国のすべての世帯から無作為抽出された約 2.5 万世帯の年間所得金額に関する相対度数分布表である。

階級	相対度数(%)
100 万円未満	6.2
100 万円以上　200 万円未満	13.4
200 万円以上　300 万円未満	13.7
300 万円以上　400 万円未満	13.2
400 万円以上　500 万円未満	10.4
500 万円以上　600 万円未満	8.8
600 万円以上　700 万円未満	7.7
700 万円以上　800 万円未満	6.3
800 万円以上　900 万円未満	4.9
900 万円以上　1000 万円未満	3.7
1000 万円以上　1100 万円未満	2.7
1100 万円以上　1200 万円未満	2.0
1200 万円以上　1300 万円未満	1.6
1300 万円以上　1400 万円未満	1.3
1400 万円以上　1500 万円未満	0.8
1500 万円以上　1600 万円未満	0.6
1600 万円以上　1700 万円未満	0.5
1700 万円以上　1800 万円未満	0.4
1800 万円以上　1900 万円未満	0.3
1900 万円以上　2000 万円未満	0.2
2000 万円以上	1.3

資料：厚生労働省「2016 年国民生活基礎調査」

この相対度数分布表から考察すると，母集団（すなわち日本全国のすべての世帯）の年間所得金額分布は正規分布ではないと考えられる。非正規母集団から無作為抽出した大きさ n の標本の標本平均を $\bar{X}$，不偏分散を S^2 とすると，母平均 μ の信頼区間はどのようにつくればよいか。統計量 Z を $Z = \dfrac{\bar{X} - \mu}{\sqrt{S^2/n}}$ として，次の①～⑤のうちから最も適切なものを一つ選べ。

① Z の分布は母集団の分布および標本の大きさ n にかかわらず自由度 1 の χ^2 分布に従うため，χ^2 分布のパーセント点を用いて信頼区間を作成するのが妥当である。
② Z の分布は母集団の分布にかかわらず自由度 $n-1$ の t 分布に従うため t 分布のパーセント点を用いて信頼区間を作成するのが妥当である。
③ Z の分布は標本の大きさ n が十分大きいときには標準正規分布で近似できるため，標準正規分布のパーセント点を用いて信頼区間を作成するのが妥当である。
④ Z の分布は母集団の分布および標本の大きさ n にかかわらず標準正規分布に従うため，標準正規分布のパーセント点を用いて信頼区間を作成するのが妥当である。
⑤ Z の分布は標本の大きさ n が十分小さいときには二項分布で近似できるため，二項分布のパーセント点を用いて信頼区間を作成するのが妥当である。

問5の解説　　正解　3

正規母集団からの無作為抽出であれば，Z の分布は自由度 $n-1$ の t 分布に従うが，非正規母集団の場合，標本の大きさ n を固定した下では Z の分布は母集団分布に依存する。この理由から，①，②，④は適切ではない。同様に，標本の大きさ n が十分小さいときには，Z の分布は母集団分布に依存するため，⑤は適切ではない。

ただし，標本の大きさ n が十分大きいときには中心極限定理より，Z の分布は標準正規分布で近似できる。よって③のように信頼区間を作成することは適切である。

よって，正解は③である。

問6 母比率の差の信頼区間と検定

次の表は，オリンピック・パラリンピック競技大会やサッカー，テニスなどのスポーツ国際大会での日本選手の活躍に，どのくらい関心を持っているか調査をした結果である（回答総数 1897 人）。なお，小数点以下 2 位を四捨五入しているため，合計は 100 とはならない。データは単純無作為抽出されたものとして，以下の問いに答えよ。

	非常に関心がある	やや関心がある	わからない	あまり関心がない	ほとんど(全く)関心がない
比率(%)	48.3	40.5	0.1	8.2	2.8

資料：文部科学省「体力・スポーツに関する世論調査（平成 25 年 1 月調査)」

平成 21 年 9 月に行われた同名の調査において，「非常に関心がある」とする者の割合は 41.6%（回答総数 1925 人）であった。次の文章は，これらの結果からわかることについて述べたものである。

「平成 21 年 9 月と平成 25 年 1 月の「非常に関心がある」とする者の母比率の差の 95%信頼区間は (ア) となるので，「非常に関心がある」とする者の割合が変化したと有意水準 5%で (イ)。」

(ア)，(イ) に当てはまるものの組合せとして，次の①～⑤のうちから最も適切なものを一つ選べ。

① （ア）$0.067 \pm 1.96\sqrt{\dfrac{0.483 \times 0.517}{1897} + \dfrac{0.416 \times 0.584}{1925}}$ （イ）言えない

② （ア）$0.067 \pm 1.96\sqrt{\dfrac{0.483 \times 0.517}{1897} + \dfrac{0.416 \times 0.584}{1925}}$ （イ）言える

③ （ア）$0.067 \pm 1.96\left(\dfrac{0.483 \times 0.517}{1897} + \dfrac{0.416 \times 0.584}{1925}\right)$ （イ）言える

④ （ア）$0.067 \pm 1.96\sqrt{\dfrac{0.483 \times 0.517}{1897} \times \dfrac{0.416 \times 0.584}{1925}}$ （イ）言えない

⑤ （ア）$0.067 \pm 1.96\sqrt{\dfrac{0.483 \times 0.517}{1897} \times \dfrac{0.416 \times 0.584}{1925}}$ （イ）言える

問6の解説　　正解　2

2回の調査が独立であるとき，「非常に関心がある」という回答の母比率の差の95%信頼区間は正規近似により，

$$(0.483 - 0.416) \pm 1.96\sqrt{\frac{0.483 \times (1-0.483)}{1897} + \frac{0.416 \times (1-0.416)}{1925}}$$

$$= 0.067 \pm 1.96\sqrt{\frac{0.483 \times 0.517}{1897} + \frac{0.416 \times 0.584}{1925}}$$

となる。この信頼区間は[0.036, 0.098]となって0を含まないので，有意水準5%で母比率の差は0でないと言える。すなわち，「非常に関心がある」とする者の割合は変化したと言える。

よって，正解は②である。

CATEGORY 8

検定の分野

問1 母平均の検定の考え方

ある金融資産の日次の収益率の期待値が0であるという仮説を検証するために，次のような手順を考える。

X_t を日次の収益率とする。観測日数が21日間 $(t = 1,\ 2, \cdots, 21)$ である場合，X_t が独立で同一の $N(0,\ \sigma^2)$ に従うと仮定すると，$\bar{X} = \frac{1}{21}\sum_{t=1}^{21} X_t$ の分布は平均0，分散 $\frac{\sigma^2}{21}$ の正規分布に従う。したがって，仮説の下で検定統計量 $Z = \bar{X}/\sqrt{\frac{\sigma^2}{21}}$ は標準正規分布に従うので，有意水準5%の両側検定を考えると（ア）が棄却域となる。ただし，分散 σ^2 は未知であるので，σ^2 を不偏分散 $\hat{\sigma}^2$ で置き換えた検定統計量を T とすると，棄却域は（イ）となる。なお，X_t が正規分布に従わないと考えられる場合，仮説の下で T が従う分布を知ることは一般に難しいが，標本の大きさである21が十分に大きいと考えて中心極限定理に基づいた正規近似を用い，有意水準5%の棄却域を（ウ）と考えることもある。

文中の（ア）～（ウ）に当てはまるものの組合せとして，次の①～⑤のうちから最も適切なものを一つ選べ。

① （ア）$|Z| > 1.96$　（イ）$|T| > 2.086$　（ウ）$|T| > 1.96$
② （ア）$|Z| > 1.96$　（イ）$|T| > 2.086$　（ウ）$|T| > 1.645$
③ （ア）$|Z| > 1.96$　（イ）$|T| > 2.080$　（ウ）$|T| > 1.96$
④ （ア）$|Z| > 1.645$　（イ）$|T| > 2.086$　（ウ）$|T| > 1.645$
⑤ （ア）$|Z| > 1.645$　（イ）$|T| > 2.080$　（ウ）$|T| > 1.645$

問1の解説　　　　正解　1

（ア）検定統計量 Z は帰無仮説の下で標準正規分布に従うので，有意水準 5% の両側検定では標準正規分布の上側 2.5% を用いて，

$$|Z| > 1.96$$

が棄却域となる。

（イ）Z の定義の中の σ^2 を不偏分散 $\hat{\sigma}^2$ で置き換えた検定統計量 T は帰無仮説の下で自由度 20 の t 分布に従うので，有意水準 5% の両側検定では自由度 20 の t 分布の上側 2.5% 点を用いて，

$$|T| > 2.086$$

が棄却域となる。

（ウ）X_i が正規分布に従わない場合は中心極限定理に基づいた正規近似を用いるため，T の分布は標準正規分布で近似される。したがって，両側検定では標準正規分布の上側 2.5% を用いて，

$$|T| > 1.96$$

が棄却域となる。

よって，正解は①である。

問2　第１種の過誤・確率

ある画鋲を投げると 0.62 の確率で針が上向きになるという。この画鋲について，以下のような帰無仮説を検定したい。

H_0：画鋲の針が上向きになる確率 p は 0.62 である。

いま，この画鋲を 3 回続けて投げ，3 回とも針が上向きになったとき，あるいは 3 回とも針が下向きになったときに H_0 を棄却し，それ以外の場合は棄却しない，という検定を行うとする。このとき，第 1 種の誤りと，その誤りを犯す確率 α の組合せとして，次の①～⑤のうちから最も適切なものを一つ選べ。

① 「$p = 0.62$ であるにもかかわらず，3 回とも針が上向きになるか，3 回とも針が下向きになり，H_0 を棄却する誤り」，$\alpha = 1 - 0.62^3 - 0.38^3 = 0.7068$

② 「$p = 0.62$ であるにもかかわらず，3 回とも針が上向きになるか，3 回とも針が下向きになり，H_0 を棄却する誤り」，$\alpha = 0.62^3 + 0.38^3 = 0.2932$

③ 「$p \neq 0.62$ であるにもかかわらず，3 回とも針が上向きになるか，3 回とも針が下向きになり，H_0 を棄却しない誤り」，$\alpha = 1 - 0.62^3 - 0.38^3 = 0.7068$

④ 「$p = 0.38$ であるにもかかわらず，3 回とも針が上向きになるか，3 回とも針が下向きになり，H_0 を棄却する誤り」，$\alpha = 0.62^3 + 0.38^3 = 0.2932$

⑤ 「$p \neq 0.38$ であるにもかかわらず，3 回とも針が上向きになるか，3 回とも針が下向きになり，H_0 を棄却しない誤り」，$\alpha = 1 - 0.62^3 - 0.38^3 = 0.7068$

問2の解説　　正解　2

第1種の誤りとは，帰無仮説が正しいときに棄却してしまう誤りのことである。この問題では，帰無仮説が正しいとき，針が上向きになる確率は $p = 0.62$ である。また，棄却するのは，3回とも針が上向きになるか，3回とも針が下向きになるときである。したがって，この問題における第1種の誤りは，「$p = 0.62$ であるにもかかわらず，3回とも針が上向きになるか，3回とも針が下向きになり，H_0 を棄却する誤り」となる。

また，この確率 α は，$p = 0.62$ のときに3回とも上向きになる確率と3回とも下向きになる確率の和であり，$\alpha = 0.62^3 + (1 - 0.62)^3 = 0.2932$ となる。

よって，正解は②である。

問3 母平均の片側 t 検定

次の表は，2017年1月から2018年12月までの，Amazon.comの株価の月次変化率（単位：%）の基本統計量をまとめたものである。

	標本サイズ	標本平均	不偏分散
Amazon.com	24	3.23	8.72^2

Amazon.comの株価の月次変化率は，互いに独立に平均 μ，分散 σ^2 の正規分布に従うと仮定する。帰無仮説 $\mu = 0$，対立仮説 $\mu > 0$ の検定結果として，次の①〜⑤のうちから最も適切なものを一つ選べ。

① 有意水準1%で棄却できるが，0.1%では棄却できない。
② 有意水準2.5%で棄却できるが，1%では棄却できない。
③ 有意水準5%で棄却できるが，2.5%では棄却できない。
④ 有意水準10%で棄却できるが，5%では棄却できない。
⑤ 有意水準10%では棄却できない。

問3の解説　　正解　3

帰無仮説 $\mu=0$，対立仮説 $\mu>0$ の仮説検定の t 値は

$$t=\frac{\bar{X}-\mu}{\hat{\sigma}/\sqrt{n}}=\frac{3.23-0}{8.72/\sqrt{24}}=1.8146$$

である。

①：適切でない。t 分布のパーセント点の表から $t_{0.01}(23)=2.500$ であることに注意すると，有意水準1%の片側検定における棄却域は，

$$t>2.500$$

となる。したがって，有意水準1%では棄却できない。

②：適切でない。同様にして，有意水準2.5%の片側検定における棄却域は，

$$t>t_{0.025}(23)=2.069$$

となる。したがって，有意水準2.5%では棄却できない。

③：適切である。同様にして，有意水準5%の片側検定における棄却域は，

$$t>t_{0.05}(23)=1.714$$

となる。したがって，有意水準5%で棄却できる。また②より，有意水準2.5%では棄却できない。

④：適切でない。同様にして，有意水準10%の片側検定における棄却域は，

$$t>t_{0.10}(23)=1.319$$

となる。したがって，有意水準10%で棄却でき，③より，有意水準5%でも棄却できる。

⑤：適切でない。④より，有意水準10%で棄却できる。

よって，正解は③である。

問4　母比率の検定の手順

あるコインを投げたとき，表が出る確率をp，裏が出る確率を$1-p$とし，pは未知であるとする。表が出る確率がある特定の値かどうかを検証するために，n回コインを投げ，そのうち表が出た回数の割合を使ってpを推定する。i回目のコイン投げの結果，表が出たら$X_i=1$，裏が出たら$X_i=0$となる確率変数X_i $(i=1, 2, \cdots, n)$を使って，pの推定量を$\hat{p}=\dfrac{1}{n}\sum_{i=1}^{n}X_i$とする。

次の文章は表が出る確率がp_0であるという仮説を検定する手続きについて述べたものである。

「帰無仮説$H_0: p=p_0$，対立仮説$H_1: p \neq p_0$に対して，検定統計量を

$$Z=\frac{\hat{p}-p_0}{\sqrt{p_0(1-p_0)/n}}$$

とする。nが十分大きいとき，ZはH_0の下では標準正規分布で近似できる。この検定は（ア）検定であり，有意水準を5%とすると，$|Z|>$（イ）となるとき，（ウ）仮説は有意水準5%で棄却される。」

（ア）～（ウ）に当てはまるものの組合せとして，次の①～⑤のうちから最も適切なものを一つ選べ。

① （ア）片側　（イ）1.645　（ウ）対立
② （ア）片側　（イ）1.645　（ウ）帰無
③ （ア）片側　（イ）1.96　（ウ）帰無
④ （ア）両側　（イ）1.96　（ウ）対立
⑤ （ア）両側　（イ）1.96　（ウ）帰無

問4の解説　　正解 5

帰無仮説 $H_0 : p = p_0$，対立仮説 $H_1 : p \neq p_0$ なので，両側検定を行うことになる。Z は標準正規分布で近似できるので，有意水準 5%の場合は標準正規分布の 97.5%点（上側 2.5%点）を用いて，

$$|Z| > 1.96$$

が棄却域となり，このとき，帰無仮説は棄却される。

これより，（ア）は両側，（イ）は 1.96，（ウ）は帰無である。

よって，正解は⑤である。

問5 正規近似を用いた検定

ある工場の担当者が，A 社と B 社のいずれかのメーカーからある部品の製作機械を仕入れることにした。不良品率の小さい機械を仕入れたいので，それぞれの製品の不良品率を電話で尋ねたところ，A 社も B 社も 5%，という回答であった。これらの回答が正しいかどうかを確認するため，それぞれの機械で 200 個の部品を試作してもらい，実際に不良品率を検査することにした。ここで，A 社の機械による 200 個の試作品に混入する不良品の個数を X とする。

A 社の試作品 200 個のうち実際に不良品は 16 個あった。不良品率を r として，帰無仮説を $r = 0.05$，対立仮説を $r > 0.05$ として検定を行う。連続修正を行わない場合の P- 値として，次の①〜⑤のうちから最も適切なものを一つ選べ。

① 0.001
② 0.026
③ 0.13
④ 0.26
⑤ 0.52

問5の解説　　正解　2

標本の不良品率を $\hat{r} = X/n$ $(n = 200)$ と置く。母比率 r に関する帰無仮説 $r = 0.05$，対立仮説 $r > 0.05$ の仮説検定を行う場合，通常用いる検定統計量は

$$Z = \frac{\hat{r} - r}{\sqrt{r(1-r)/n}}$$

であり，Z が大きいときに帰無仮説を棄却する。観測値を代入して得られる値を z と置けば，P- 値は $P(Z \geq z)$ で与えられる。実際に z を計算すると

$$z = \frac{\frac{16}{200} - 0.05}{\sqrt{\frac{0.05 \times (1-0.05)}{200}}} = \frac{0.03}{0.0154} = 1.95$$

となる。また Z は近似的に標準正規分布に従うので，P- 値はおよそ

$$P(Z \geq z) = 0.026$$

となる。

以上から，正解は②である。

問6 母平均の差の検定

次の表は，2017年度プロ野球におけるリーグごとの球団別ホームゲーム年間入場者数（単位は万人）である。

セントラル・リーグの球団別年間入場者数

球団A	球団B	球団C	球団D	球団E	球団F	平均	偏差平方和
218	303	198	296	201	186	233.7	13,549

パシフィック・リーグの球団別年間入場者数

球団G	球団H	球団I	球団J	球団K	球団L	平均	偏差平方和
209	177	167	145	161	253	185.3	7,763

資料：日本野球機構

各リーグ内において入場者数は独立で同一の分布に従い，かつ，セントラル・リーグとパシフィック・リーグの各球団の年間入場者数の母分散は等しいとみなし，両リーグの球団別年間入場者数の母平均に差があるかどうかを検定したい。2つの母平均の差に関する t 検定を行う。t- 値として，次の①～⑤のうちから最も適切なものを一つ選べ。

① 0.07
② 0.33
③ 1.05
④ 1.82
⑤ 2.00

問6の解説　　正解　4

2つの母集団からの無作為標本を $x_1, \cdots, x_m, y_1, \cdots, y_n$ とすると，母分散が未知で等しい場合の母平均の差の検定における t 統計量の計算式は

$$t = \frac{\bar{x} - \bar{y}}{\sqrt{\left(\frac{1}{m} + \frac{1}{n}\right)\frac{\sum(x_i - \bar{x})^2 + \sum(y_i - \bar{y})^2}{m + n - 2}}}$$

で与えられる。ただし，$\bar{x} = \sum x_i/m$，$\bar{y} = \sum y_i/n$ である。問題文より，$m = n = 6$，$\bar{x} = 233.7$，$\bar{y} = 185.3$，$\sum(x_i - \bar{x})^2 = 13549$，$\sum(y_i - \bar{y})^2 = 7763$ を代入して

$$t = \frac{233.7 - 185.3}{\sqrt{\left(\frac{1}{6} + \frac{1}{6}\right)\frac{13549 + 7763}{6 + 6 - 2}}} = \frac{48.4}{\sqrt{\frac{21312}{30}}} = 1.8159 \cdots \fallingdotseq 1.82$$

を得る。

よって，正解は④である。

問7 対応差の検定

ある刺激を与えたときの血圧（収縮期血圧）の変化を調べるために，10 人の被験者に対して，刺激を与える前の血圧（mmHg）と刺激を与えた後の血圧（mmHg）を測定した。

No.	1	2	3	4	5	6	7	8	9	10	平均
刺激前	130	118	128	135	126	120	126	140	127	130	128.0
刺激後	135	120	132	135	129	128	135	139	135	132	132.0

この刺激を与えた後に血圧が上がる変化があるかを有意水準 5%で片側検定したい。用いる t 分布の自由度と棄却域について，次の①～⑤のうちから最も適切なものを一つ選べ。

① 自由度 9　　棄却域 $t \geq 1.833$
② 自由度 9　　棄却域 $|t| \geq 2.262$
③ 自由度 10　　棄却域 $|t| \geq 2.228$
④ 自由度 18　　棄却域 $t \geq 1.734$
⑤ 自由度 18　　棄却域 $|t| \geq 2.101$

問7の解説　　正解　1

対応のある場合なので，刺激後と刺激前の血圧の差をXとし，Xの母平均をμ, 母分散をσ^2として，$H_0 : \mu = 0$ vs $H_1 : \mu > 0$の片側検定を行う。このとき，標本の大きさは$n = 10$なので，自由度は9である。自由度9のt分布の上側5%点は1.833である。

よって，正解は①である。

問8 母比率の差の検定

ある工場の担当者が，A社とB社のいずれかのメーカーからある部品の製作機械を仕入れることにした。不良品率の小さい機械を仕入れたいので，それぞれの製品の不良品率を電話で尋ねたところ，A社もB社も5%，という回答であった。これらの回答が正しいかどうかを確認するため，それぞれの機械で200個の部品を試作してもらい，実際に不良品率を検査することにした。

その結果，A社の試作品200個のうち実際に不良品は16個あった。また，B社の試作品200個のうち実際に不良品は17個あった。A，B両社の不良品率の差をdとして，帰無仮説を$d=0$，対立仮説を$d \neq 0$として検定を行う。このときの連続修正を行わない場合のP-値として，次の①～⑤のうちから最も適切なものを一つ選べ。

① 0.05
② 0.20
③ 0.45
④ 0.64
⑤ 0.86

問8の解説　　正解　5

A 社と B 社の不良品率（母比率）をそれぞれ r_A, r_B と置き，標本サイズを n_A, n_B, 実際に観測された不良品の個数を X_A, X_B と置く。また標本の不良品率を $\hat{r}_A = X_A/n_A$, $\hat{r}_B = X_B/n_B$ と置く。母比率の差 $d = r_A - r_B$ に関する帰無仮説 $d = 0$, 対立仮説 $d \neq 0$ の仮説検定を行う場合，通常用いる検定統計量は

$$Z = \frac{\hat{r}_A - \hat{r}_B}{\sqrt{\dfrac{\hat{r}_A(1-\hat{r}_A)}{n_A} + \dfrac{\hat{r}_B(1-\hat{r}_B)}{n_B}}}$$

であり，Z の絶対値が大きいときに帰無仮説を棄却する。観測値を代入して得られる Z の値を z と置くとき，P- 値は $P(|Z| \geq |z|)$ で与えられる。実際に z を計算すると

$$z = \frac{0.080 - 0.085}{\sqrt{\dfrac{0.080 \times (1-0.080)}{200} + \dfrac{0.085 \times (1-0.085)}{200}}} = \frac{-0.005}{0.0275} = -0.18$$

となる。また Z は近似的に標準正規分布に従うので，P- 値はおよそ

$$P(|Z| \geq |z|) = 2 \times 0.43 = 0.86$$

となる。

よって，正解は⑤である。

問9　等分散性の検定

生徒数が21人のクラスAと41人のクラスBで数学の試験を行った。その点数の標準偏差はクラスAが19.5，クラスBが14.5であった。ただし，標準偏差は不偏分散の正の平方根で計算している。次の文章はクラス間の等分散性の検定について述べたものである。

「各々のテストの点数は正規分布に従うと仮定する。帰無仮説を“クラス間の分散が等しい”，対立仮説を“クラス間の分散が等しくない”と置き，有意水準5%で検定する。自由度(20, 40)のF分布に従う統計量を計算すると（ア）となり，有意水準5%の検定より帰無仮説を（イ）。」

文中の（ア），（イ）に当てはまるものの組合せとして，次の①～⑤のうちから最も適切なものを選べ。

① （ア）1.34　（イ）棄却する
② （ア）1.81　（イ）棄却しない
③ （ア）1.81　（イ）棄却する
④ （ア）2.13　（イ）棄却しない
⑤ （ア）2.13　（イ）棄却する

問9の解説　　正解　2

F-値は

$$\frac{19.5^2}{14.5^2} = 1.808561 \fallingdotseq 1.81$$

となる。

F-分布のパーセント点の表より，自由度(20, 40)のF分布の上側2.5%点は2.068である。ここで，自由度(m, n)のF分布に従う確率変数の逆数は自由度(n, m)のF分布に従うことに注意すると，自由度(20, 40)のF分布の下側2.5%点は自由度(40, 20)のF分布の上側2.5%点の逆数$1/2.287 = 0.437254$であり，F値は上側2.5%点と下側2.5%の間にあるので，分散が等しいという帰無仮説を棄却しない。

よって正解は②である。

問10 $(\beta,\ 1-\alpha)$ のグラフ

Xを平均θ, 分散1の正規分布に従う確率変数とし, 帰無仮説H_0, 対立仮説H_1を, それぞれ

$H_0 : \theta = 0,\quad H_1 : \theta = 1$

と想定した仮説検定を考える。Xの観測結果xに対して, 棄却域を$x \geq x_0$と定めたときの第1種の過誤の確率を$\alpha(x_0)$, 第2種の過誤の確率を$\beta(x_0)$とする。

座標平面上の$(\beta(x_0),\ 1-\alpha(x_0))$で与えられる点をPとし, x_0を0から1まで動かしたときの点Pの軌跡を表したグラフの概形として, 次の①～⑤のうちから最も適切なものを一つ選べ。

①
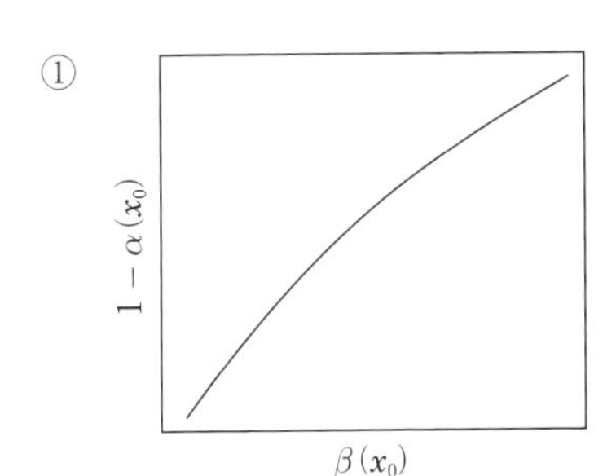

②
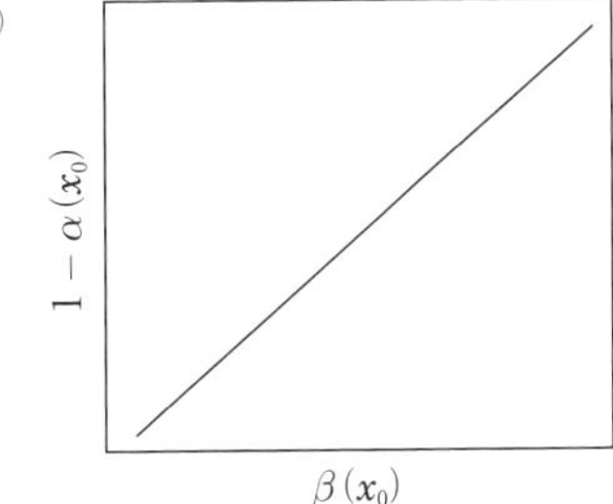
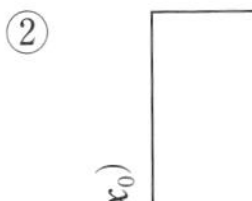

③
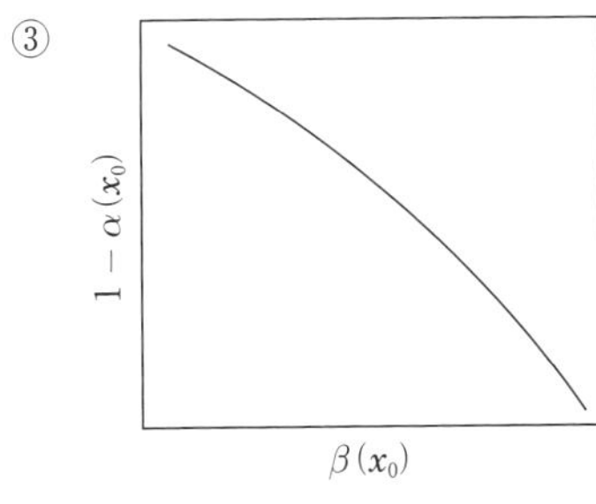

④
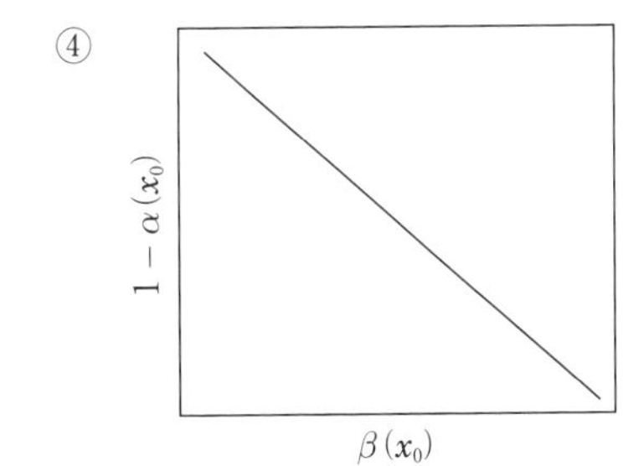

⑤
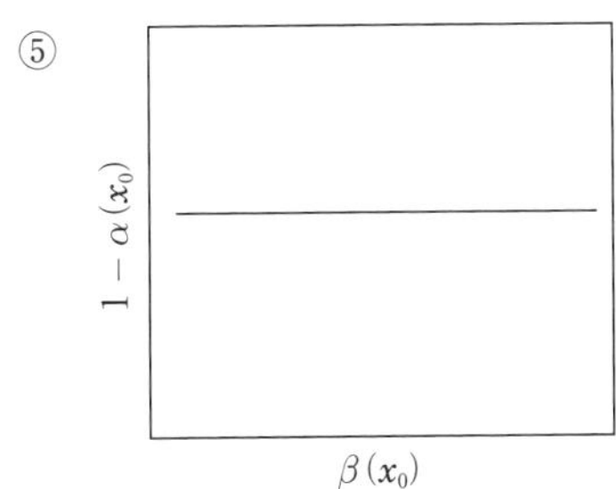

問10の解説　　正解 1

確率変数Xは，帰無仮説H_0の下では標準正規分布に従う。また，第1種の過誤とは，H_0の下でH_0を棄却する誤りなので，

第1種の過誤の確率 $\alpha(x_0) = P(X \geq x_0|H_0) = Q(x_0)$

となる。ここで，標準正規分布に従う確率変数Zに対して$Q(x) = P(Z \geq x)$である。一方，確率変数$X-1$は，対立仮説H_1の下では標準正規分布に従う。また，第2種の過誤の確率とは，H_1の下でH_0を受容する誤りなので，

$$\text{第2種の過誤の確率 } \beta(x_0) = P(X < x_0|H_1) = P(X-1 < x_0 - 1|H_1)$$
$$= P(X-1 > 1-x_0|H_1) = Q(1-x_0)$$

となる。したがって，Pの座標は$(Q(1-x_0),\ 1-Q(x_0))$となる。x_0が0から1まで増加するとき，$Q(1-x_0)$，$1-Q(x_0)$はともに増加する。具体的には，

- $x_0 = 0.0$のとき，$(0.1587,\ 0.5000)$
- $x_0 = 0.5$のとき，$(0.3085,\ 0.6915)$
- $x_0 = 0.8$のとき，$(0.4207,\ 0.7881)$
- $x_0 = 1.0$のとき，$(0.5000,\ 0.8413)$

などとなる。$x_0 = t$のときの点Pの座標を$\mathrm{P}(t)$とし，2点$\mathrm{P}(t_1)$，$\mathrm{P}(t_2)$を結ぶ直線の傾きを$m_{t_1,\ t_2}$と置くと

$$m_{0,\ 0.5} = \frac{0.6915 - 0.5000}{0.3085 - 0.1587} = 1.27837$$

$$m_{0,\ 1.0} = \frac{0.8413 - 0.5000}{0.5000 - 0.1587} = 1.00000$$

となる。つまり，2点$\mathrm{P}(0.0)$，$\mathrm{P}(1.0)$を結ぶ直線よりも点$\mathrm{P}(0.5)$は座標平面上の左上に位置することがわかる。以上の条件をみたすグラフは①のみである。

よって，正解は①である。

［**補足**］

この問題はROC曲線（Receiver Operatorating Characteristic Curve）をイメージした問題である。ROC曲線では，x_0を実数全体で動かす必要があるが，本問ではより簡単にするため，x_0を0から1まで動かした。これにより，グラフの端点である$x_0 = 0.0$のときと，$x_0 = 1.0$のときのPの座標を計算し，さらに，$x_0 = 0.5$のときのPの座標を計算することで，Pの軌跡が単調増加かつ上に凸な関数のグラフであることがイメージできる。

ただし，本問では一般的な統計学の教科書の表記とは以下の点で異なるため

注意が必要である。

ROC 曲線は, 横軸が「偽陽性率」, 縦軸が「真陽性率」とするのが通常である。ここで, 偽陽性率とは, 帰無仮説の下で帰無仮説を棄却する確率であり, 第1種の過誤の確率を表す。また, 真陽性率とは, 検出力であり, 1 −（第2種の過誤の確率）を表す。よって, 座標平面上に

$P(\alpha(x_0),\ 1-\beta(x_0))$

をプロットした曲線が正しい ROC 曲線である。

CATEGORY 9

カイ二乗検定の分野

SUBCATEGORY 9-1

適合度検定の分野

問1 適合度検定の基本

「1等が出る確率20%，2等が出る確率30%」と言われているあるくじ引きを検証する。ただし，1等と2等以外はハズレである。このくじを引いた50人に確認したところ，1等が出た人数は5人，2等が出た人数は12人，ハズレが出た人数は33人であった。このくじ引きで言われている「1等が出る確率20%，2等が出る確率30%」を帰無仮説として，得られた50人のデータから有意水準5%の適合度検定を行う。ただし，くじ引きのくじは大量に用意されていたものとする。次の文章はその検定について述べたものである。

「50人のデータより，帰無仮説の下で漸近的に自由度（ア）のカイ二乗分布に従う検定統計量の値が（イ）となる。ゆえに，有意水準5%で帰無仮説を棄却（ウ）。」

文中の（ア），（イ），（ウ）に当てはまるものの組合せとして，次の①～⑤のうちから最も適切なものを一つ選べ。

① （ア）3　（イ）7.86　（ウ）できる
② （ア）2　（イ）6.76　（ウ）できる
③ （ア）3　（イ）6.76　（ウ）できない
④ （ア）2　（イ）5.66　（ウ）できない
⑤ （ア）3　（イ）5.66　（ウ）できない

問1の解説　　正解　4

（ア）1回のくじ引きにつき，1等が出る，2等が出る，ハズレが出る確率をそれぞれ p_1, p_2, $p_3 > 0$ と置く。ただし $p_1 + p_2 + p_3 = 1$ をみたすものとする。このとき適合度検定で仮定される統計モデルは母数 (p_1, p_2, p_3) の三項分布である。また問題文から帰無仮説は単純帰無仮説 $(p_1, p_2, p_3) = (0.2, 0.3, 0.5)$ となる。したがって自由度は $3 - 1 = 2$ となる。

（イ），（ウ）適合度検定統計量の値は

$$\chi^2 = \frac{(5-10)^2}{10} + \frac{(12-15)^2}{15} + \frac{(33-25)^2}{25}$$
$$= 2.5 + 0.6 + 2.56$$
$$= 5.66$$

となる。また，自由度2のカイ二乗分布の上側5%点は付表（巻末参照）から約5.99である。したがって有意水準5%で帰無仮説を棄却することはできない。

以上から，正解は④である。

問2 一様性の適合度検定

次の表は，ある警察署管轄区内における（日曜日を除く）曜日別の交通事故発生件数である。

曜日	月	火	水	木	金	土	計
発生件数	14	19	15	22	16	16	102

この警察署管轄区内での交通事故発生率について，「発生率は曜日に依存しない」を帰無仮説として有意水準 5%の適合度検定を行う。次の文章は，この適合度検定に関するものである。

「χ^2 統計量は帰無仮説の下で近似的に（ア）に従う。したがって，有意水準 5%で帰無仮説を（イ）。」

上の文中の（ア），（イ）に当てはまるものの組合せとして，次の①～⑤のうちから適切なものを一つ選べ。ただし，この場合の χ^2 統計量の値は 2.59 である。

① （ア）自由度 1 の χ^2 分布　（イ）棄却しない
② （ア）自由度 5 の χ^2 分布　（イ）棄却する
③ （ア）自由度 5 の χ^2 分布　（イ）棄却しない
④ （ア）自由度 6 の χ^2 分布　（イ）棄却する
⑤ （ア）自由度 6 の χ^2 分布　（イ）棄却しない

問2の解説　　正解　3

帰無仮説が「発生率は曜日に依存しない」ことから，各セルに入る確率を1/6とすればよいので，期待度数は $102/6 = 17$ であり，χ^2 統計量の計算式は，

$$\frac{(\text{観測度数} - \text{期待度数})^2}{\text{期待度数}}$$

をすべてのセルについて合計したものである。このことから，

（ア）各セルに入る確率は1/6と既知なので，自由度は $6 - 1 = 5$ である。

（イ）χ^2 統計量の値 $\fallingdotseq 2.59$，自由度5の χ^2 分布の上側5%点は11.07であるので 帰無仮説は棄却できない。

よって，正解は③である。

問3 同等性の検定

次のヒストグラムは，Harvey and Durbin（Journal of the Royal Statistical Society Series A, Vol.149, 1986, pp.187-227）による，1969 年 1 月～ 1984 年 12 月のイギリスにおける毎月のドライバーの死者数（人）についてのデータを夏季（4 月から 9 月）と冬季（10 月から 3 月）に分けてまとめたものである。ヒストグラムの柱の上の数値は，対応する階級に属する月数を示している。

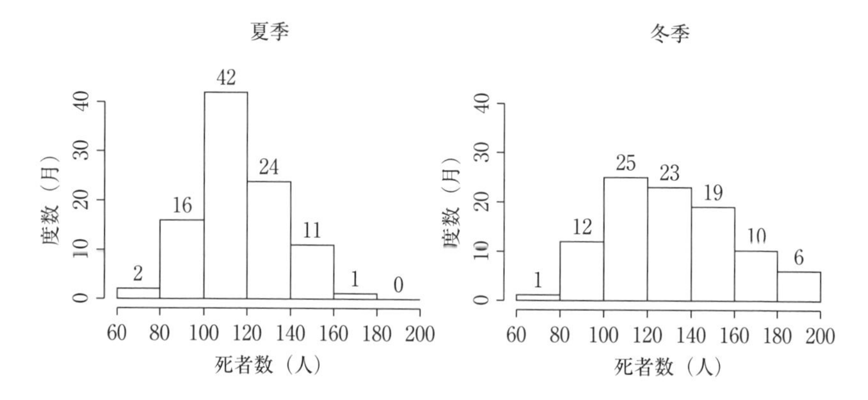

夏季と冬季の死者数の分布の同等性を検定したい。ただし，期待度数の少ない階級があるので，「60 人以上 80 人未満」の階級と「80 人以上 100 人未満」の階級は併合し，同様に「160 人以上 180 人未満」と「180 人以上 200 人未満」の階級は併合する。これによって階級の個数は各季に対して 5 つとなる。

このとき，たとえば帰無仮説の下での夏季の「100 人以上 120 人未満」の階級の期待度数は（ア）と計算できる。このようにして，夏季および冬季の各階級の期待度数を求めてから検定統計量の値を計算したところ，20.51 となった。したがって，有意水準 5%で検定を行ったときの結論として，（イ）。

上の文中の（ア），（イ）に当てはまるものの組合せとして，次の①～⑤のうちから適切なものを一つ選べ。

① （ア）19.2
　（イ）帰無仮説を棄却できないので，2 つの分布は同等でないと言える。

② （ア）19.2
　（イ）帰無仮説を棄却できないので，2 つの分布は同等であると言える。

③ （ア）33.5
（イ）帰無仮説を棄却できないので，2つの分布は同等であると言える。
④ （ア）33.5
（イ）帰無仮説を棄却できるので，2つの分布は同等でないと言える。
⑤ （ア）42.0
（イ）帰無仮説を棄却できるので，2つの分布は同等でないと言える。

問3の解説　正解 4

（ア）ヒストグラムよりクロス集計表を作成すると次のようになる。

	60人以上 100人未満	100人以上 120人未満	120人以上 140人未満	140人以上 160人未満	160人以上 200人未満	合計
夏季	18	42	24	11	1	96
冬季	13	25	23	19	16	96
合計	31	67	47	30	17	192

分布の同等性を検定したいとき，夏季と冬季での度数が等しいので，期待度数は（列和)/2となることから

$$\frac{42+25}{2}=33.5$$

である。

（イ）2 × 5クロス集計表による同等性検定統計量の自由度は，

$$((\text{行数})-1)\times((\text{行数})-1)=(2-1)\times(5-1)=4$$

となる。

自由度4のカイ二乗分布の上側5%点は9.49であり，検定統計量の値がそれより大きいので帰無仮説は棄却される。つまり，2つの分布は同等でないと言える。

以上から，正解は④である。

問4 ポアソン分布の当てはめ

1日当たりの交通事故死亡者数の平均が2人であると思われている地区で，交通事故死者数を調査した。次の表Aは，100日間の1日当たりの交通事故死者数の度数分布表である。

表A 1日当たりの交通事故死者数

0人	1人	2人	3人	4人以上	合計
21日	32日	29日	12日	6日	100日

上の観測度数に，パラメータ $\lambda = 2$ のポアソン分布を当てはめ，期待度数を計算したところ，次の表Bのようになった。

表B ポアソン分布の当てはめ

死者数（人）	0	1	2	3	4以上	合計
観測度数 o_i（日）	21	32	29	12	6	100
期待度数 e_i（日）	13.5	27.1	27.1	18.0	14.3	100.0
$(o_i - e_i)^2/e_i$	4.167	0.886	0.133	2.000	4.817	12.000

ここで，「1日当たりの交通事故死者数が，パラメータ $\lambda = 2$ のポアソン分布に従っている」という帰無仮説を立て，有意水準5%で適合度検定を行う。この場合，帰無仮説の下では，適合度検定統計量は自由度（ア）のカイ二乗分布に従うから，（イ）との判断が得られる。

（ア） A1：5　　A2：4　　A3：3

（イ） B1：検定統計量の値は，自由度（ア）のカイ二乗分布の上側5%点より大きいから，平均2のポアソン分布に従わないと言える。

B2：検定統計量の値は，自由度（ア）のカイ二乗分布の上側5%点より小さいから，平均2のポアソン分布に従わないとは言えない。

上の文章中の（ア），（イ）に当てはまる組合せとして，次の①～⑤のうちから最も適切なものを一つ選べ。

① （ア）A1　　（イ）B1
② （ア）A1　　（イ）B2
③ （ア）A2　　（イ）B1
④ （ア）A2　　（イ）B2
⑤ （ア）A3　　（イ）B2

問4の解説　　正解　3

（ア）表Bのクロス集計表による分布の適合度検定統計量の自由度は，
(列の数) − 1 − (データから推定するパラメータ数) である。いま，パラメータ $\lambda = 2$ と与えており，データ3から推定するパラメータはないので自由度は4（$= 5 - 1 - 0$）となる。

（イ）自由度4のカイ二乗分布の上側5%点は9.49であり，検定統計量の値はそれより大きいので帰無仮説は棄却できる。つまり，このデータは，平均2のポアソン分布に従わないと言える。
以上から，正解は③である。

SUBCATEGORY 9-2

独立性検定の分野

問1 期待度数・自由度

次の２元クロス集計表は，12 ～ 18 歳の男女合計 100 人に，菓子Ａが好きかどうかを尋ねたアンケートの結果をまとめたものである。性別によって菓子Ａの好みに違いがあるかどうかを調べるため，独立性の検定を行いたい。

	Ａが好き	Ａが嫌い	合　計
男	19	30	49
女	8	43	51
合　計	27	73	100

男子で菓子Ａが好きであると答える期待度数（ア）と，独立性の検定の棄却域を求めるときのカイ二乗分布の自由度（イ）の組合せとして，次の①～⑤のうちから適切なものを一つ選べ。

① （ア）13.23　　（イ）1
② （ア）13.77　　（イ）1
③ （ア）13.23　　（イ）3
④ （ア）35.77　　（イ）3
⑤ （ア）13.77　　（イ）4

問1の解説　　正解　1

（ア）独立性の仮説の下では，期待度数は周辺度数の積を全度数で割った値となる。この問題では

$$\frac{(\text{男子の人数})\times(\text{菓子 A が好きと答えた人数})}{(\text{全人数})}=\frac{49\times 27}{100}=13.23$$

となる。

（イ）一般に，I 行 J 列のクロス集計表に対する独立性の検定を考える場合，棄却域を求めるときのカイ二乗分布の自由度は $(I-1)\times(J-1)$ となる。いまの問題では $I=2$，$J=2$ であるから自由度は 1 となる。

以上から，正解は①である。

［**補足**］

自由度を求めるには，下表のような周辺度数のみを示した表を考える。2×2 のクロス集計表の場合，どれか 1 つのセルの値を定めると，あとは全部定まる。これが自由度 1 と言っている意味である。

	A が好き	A が嫌い	
男子			49
女子			51
	27	73	100

たとえば，男子で A が嫌いの値△が決まると，他のセルの値は△を用いて下表のように決まる。ただし，初めの値△はどのセルも非負になるように設定しなくてはならない。

	A が好き	A が嫌い	
男子	49 − △	△	49
女子	27 − 49 + △	73 − △	51
	27	73	100

一般に，$I\times J$ のクロス集計表の場合，$(I-1)\times(J-1)$ 個のセルの値を定めると，あとは全部定まる。

問2 期待度数・独立性検定

次の表Aは，CMについて要･不要の意識が男女で異なるかどうかをみるために，ある調査項目についてクロス集計したものである。「CMについての要・不要は性別と無関係である」を帰無仮説として，有意水準5%のχ^2検定を適用することにした。

表A 「性別」と「CMの要・不要」についてのクロス集計表

性別	あったほうがよい	どちらでもよい	ないほうがよい	計
男	5	10	15	30
女	10	5	5	20
計	15	15	20	50

ここで，帰無仮説の下での各セルの期待度数を求め，各セルにおいて

(観測度数 − 期待度数)^2/ 期待度数

を計算し，その行および列の合計を求めたものが，次の表Bである。

表B

性別	あったほうがよい	どちらでもよい	ないほうがよい	計
男	1.78	0.11	0.75	2.64
女	2.67	0.17	1.13	3.96
計	4.44	0.28	1.88	6.60

この表から，χ^2 検定の結果として，次の①～⑤のうちから最も適切なものを一つ選べ。

① 総合計 6.60 が χ^2 値である。自由度 2 の χ^2 分布の上側 2.5％点 7.38 と比べると小さいので，帰無仮説は棄却されず，CM の要･不要は性別には無関係である，と結論する。
② 総合計 6.60 が χ^2 値である。自由度 2 の χ^2 分布の上側 5％点 5.99 と比べると大きいので，帰無仮説を棄却し，CM の要・不要は性別によって異なる，と結論する。
③ 行和の比 $2.64/3.96 = 0.667$ が χ^2 値である。これは 0.05 を大きく超えているので，帰無仮説を棄却し，CM の要・不要は性別によって異なる，と結論する。
④ 行和の比 $2.64/3.96 = 0.667$ が χ^2 値である。自由度 2 の χ^2 分布の上側 2.5％点 7.38 と比べると小さいので，帰無仮説は棄却されず，CM の要・不要は性別には無関係である，と結論する。
⑤ 列和の比 $4.44/0.28 = 15.85$ が χ^2 値である。自由度 2 の χ^2 分布の上側 2.5％点 7.38 と比べると大きいので，帰無仮説を棄却し，CM の要・不要は性別によって異なる，と結論する。

問2の解説　　正解 2

この場合の検定統計量の値は，表 B に与えられている 6 個すべてのセルについて，(観測度数 − 期待度数)^2/ 期待度数 の値を足したものであり，その値は 6.60 である。

また，帰無仮説の下では，検定統計量は自由度 $(2-1)\times(3-1)=2$ の χ^2 分布に従う。この場合の χ^2 検定は片側検定であり，自由度2の χ^2 分布の上側5％点は 5.99 であり，与えられたデータの場合の検定統計量の値 6.60 のほうが大きい。したがって帰無仮説は棄却され，CM の要･不要は性別によって異なる，と結論する。

以上から，正解は②である。

問3 期待度数・独立性検定

次の表は，2種類の抗生物質を症状が類似している患者に投与した結果の要約である。

薬　剤	改善した	変わらなかった	合　計
A	53	11	64
B	37	19	56
合　計	90	30	120

この結果に基づいて，「2種類の薬の効果には差がない」との帰無仮説を，有意水準5%で検定する。そのため，独立性の仮定の下で，薬剤Aによって改善した期待度数を計算すると，（ア）となる。同様にして他の部分の期待度数を計算して検定統計量の値を求め，その結果によって帰無仮説に対する検定を行ったところ，（イ）との判断が得られた。

（ア） A1：45　　A2：48

（イ） B1：検定統計量の値は，自由度1のカイ二乗分布の上側5%点より大きいので，「2種類の薬の効果に差がある」

B2：検定統計量の値は，自由度1のカイ二乗分布の上側5%点より小さいので，「2種類の薬の効果には差がある」とは言えない

B3：検定統計量の値は，自由度4のカイ二乗分布の上側5%点より大きいので，「2種類の薬の効果に差がある」

B4：検定統計量の値は，自由度4のカイ二乗分布の上側5%点より小さいので，「2種類の薬の効果に差がある」とは言えない

上の文章中の（ア），（イ）に当てはまる組合せとして，次の①～⑤のうちから最も適切なものを一つ選べ。

① （ア）A1　　（イ）B2
② （ア）A1　　（イ）B3
③ （ア）A2　　（イ）B1
④ （ア）A2　　（イ）B2
⑤ （ア）A2　　（イ）B4

問3の解説　　正解 3

(ア) 独立性の仮定の下では，薬剤Aによって改善した期待度数は，$64 \times 90/120 = 48$ となる。

(イ) 上と同様にして，すべてのセルについて期待度数を求め，(観測度数 − 期待度数)^2/ 期待度数の和を計算すると 4.46 となる。この検定統計量は，帰無仮説の下では，自由度1のカイ二乗分布に従い，その上側5%点は 3.84 である。検定統計量の値 4.46 はそれより大きいので，帰無仮説は棄却される。すなわち，「2種類の薬の効果に差がある」と言える。

以上から，正解は③である。

問4　検定結果に関する正誤

「冬は北からの風が多い」と言われている。そのことを確かめるために，ある都市について，2017年1月1日から12月31日までの毎日の最多風向（以下「風向」）を調べた。冬季（1月，2月，11月，12月）とそれ以外の季節とに分けて「風向が北（北西，北北西，北，北北東，北東）の日」とそうでない日とを集計したところ，次の表を得た。

		風向	
		北	それ以外
季節	冬季	105	15
	それ以外	102	143

資料：気象庁「過去の気象データ」

この表を用いて有意水準5%で独立性の検定を行った際の結論について，次の①～⑤のうちから最も適切なものを一つ選べ。ただし，この場合の χ^2 統計量の値は69.04である。

① χ^2 統計量の値が自由度1の χ^2 分布の下側5%点よりも大きいので，有意水準5%で帰無仮説を棄却する。すなわち，風向と季節には関連があるとは言えない。

② χ^2 統計量の値が自由度1の χ^2 分布の下側5%点よりも大きいので，有意水準5%で帰無仮説を棄却する。すなわち，風向と季節には関連があると言える。

③ χ^2 統計量の値が自由度1の χ^2 分布の両側5%点よりも大きいので，有意水準5%で帰無仮説を棄却する。すなわち，風向と季節には関連があると言える。

④ χ^2 統計量の値が自由度1の χ^2 分布の上側5%点よりも大きいので，有意水準5%で帰無仮説を棄却する。すなわち，風向と季節には関連があるとは言えない。

⑤ χ^2 統計量の値が自由度1の χ^2 分布の上側5%点よりも大きいので，有意水準5%で帰無仮説を棄却する。すなわち，風向と季節には関連があると言える。

問4の解説　　正解　5

独立性検定の場合の χ^2 統計量は，独立性の仮説の下では自由度 (列数 − 1) × (行数 − 1) = (2 − 1) × (2 − 1) = 1 の χ^2 分布に従い，独立ではないときに大きい値となるので，その場合に独立であるという帰無仮説を棄却する。与えられたデータに対する検定統計量の値は 69.04 であり，自由度 1 の χ^2 分布の上側 5% 点は 3.84 であるので，風向と季節の間の独立性の仮説は棄却され，関連があるとの結論を得る。

よって，正解は⑤である。

線形モデルの分野

SUBCATEGORY 10-1 回帰分析の分野

問1 最小二乗法・傾きの検定

次の図は，1991年から2015年までの各年における日本のコーヒー小売価格（米ドルに換算した1ポンド当たりの価格，1ポンドは約454g，以下「価格」）を縦軸に，前年の世界のコーヒー総生産量（単位は100万袋，1袋は60kg，以下「生産量」）を横軸にとって作成した散布図である。

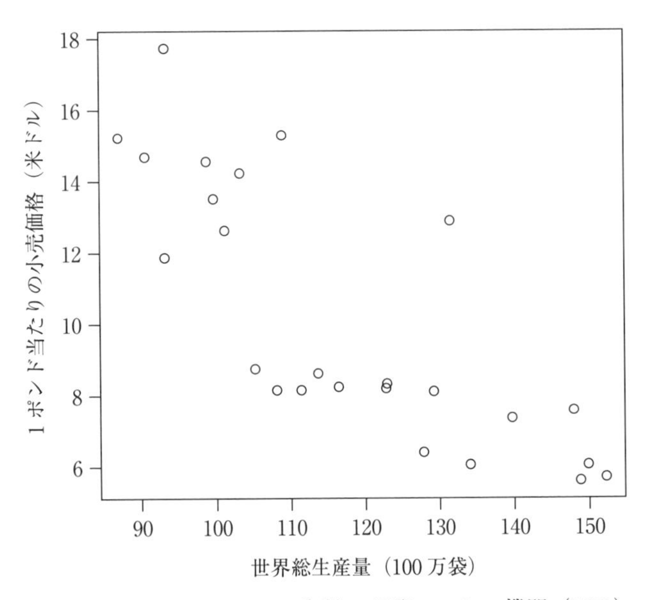

資料：国際コーヒー機関（ICO）

〔1〕価格と生産量の間の相関係数の値として，次の①〜⑤のうちから最も適切なものを一つ選び，番号を空欄に入力せよ。
※番号は半角数字で入力すること。(例：解答が③の場合は，半角数字の3を入力)

① 0.994
② 0.794
③ 0.094
④ −0.794
⑤ −0.994

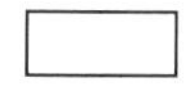

〔2〕この散布図を描いたときと同じデータを用いて単回帰モデル

価格 = 切片 + 傾き × 生産量 + 誤差項 ……(A)

を最小二乗法で推定し，上記の散布図に回帰直線を実線として描き加えた。このときのグラフとして，次の①〜⑤のうちから最も適切なものを一つ選び，番号を空欄に入力せよ。
※番号は半角数字で入力すること。(例：解答が③の場合は，半角数字の3を入力)

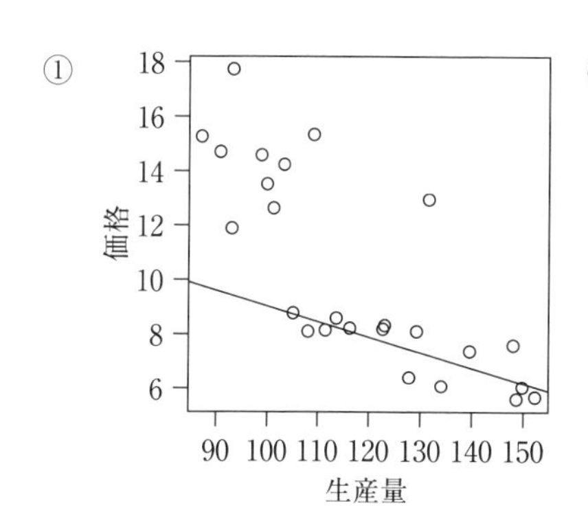

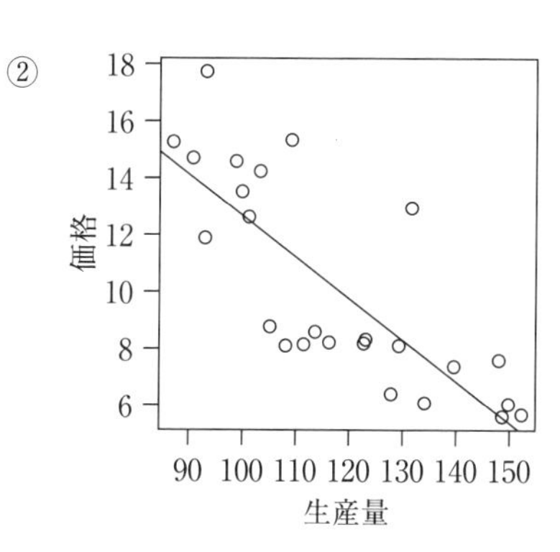

③

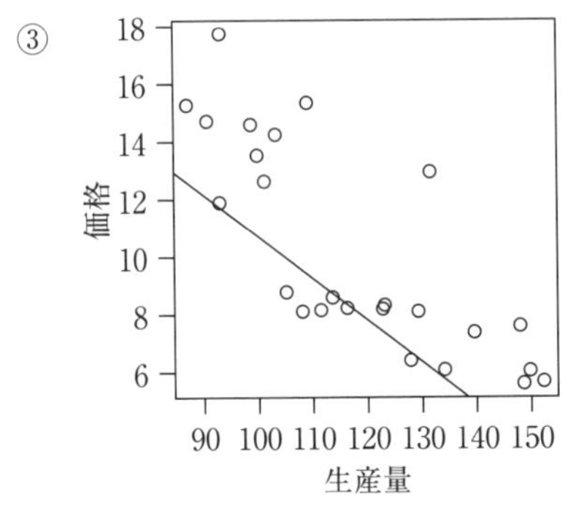

④

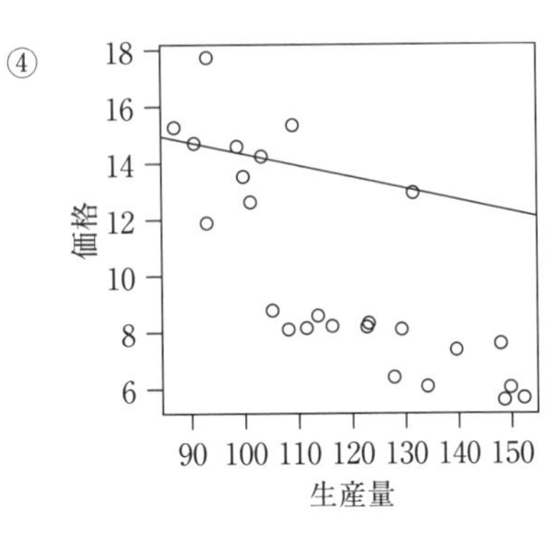

⑤

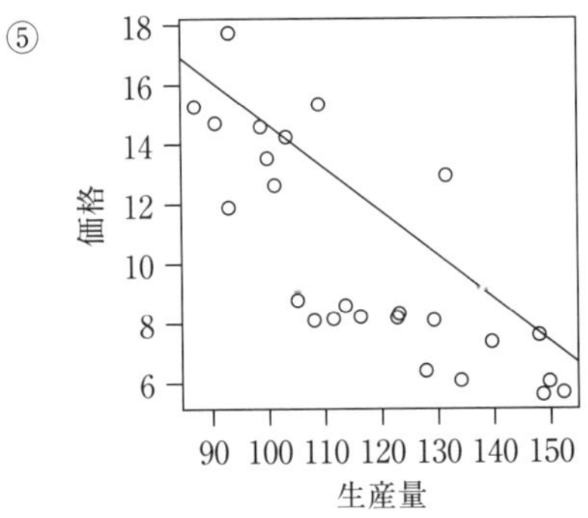

〔3〕最小二乗法による式（A）の傾きの推定値は -0.14510, その標準誤差は0.02316であった。誤差項は互いに独立で同じ正規分布に従うと仮定する。このとき，傾きが0であるという帰無仮説に対する検定を行うための検定統計量の値と検定統計量の分布の組合せとして，次の①～⑤のうちから最も適切なものを一つ選び，番号を空欄に入力せよ。

※番号は半角数字で入力すること。(例：解答が③の場合は，半角数字の3を入力)

① 検定統計量の値は -5.27，検定統計量の分布は自由度25の t 分布
② 検定統計量の値は -7.27，検定統計量の分布は自由度24の t 分布
③ 検定統計量の値は -6.27，検定統計量の分布は自由度24の t 分布
④ 検定統計量の値は -7.27，検定統計量の分布は自由度23の t 分布
⑤ 検定統計量の値は -6.27，検定統計量の分布は自由度23の t 分布

問1の解説　正解　〔1〕4,〔2〕2,〔3〕5

〔1〕散布図より，生産量が多いほど価格が低いという関係が見られ，価格と生産量の間には負の相関があることがわかる。また選択肢の中にある -0.994 はほとんど直線上にデータが並んでいる状況に対応するので，選択肢の中では -0.794 が適切と考えられる。

よって，正解は④である。

〔2〕回帰直線は点$(\bar{x}, \bar{y})$を通り，これは2変数の重心に当たる。また，与えられた図から極端な外れ値がないので，直線の上側と下側にある観測値の数はおおよそ同じであると考えられる。このことに留意して適切な回帰直線を選択する。

①：適切でない。回帰直線がデータの重心を通っておらず，位置が下にずれているため，多くの観測値が直線の上側にある。

②：適切である。回帰直線は重心あたりを通り，また，直線の上側と下側にある観測値の数はおおよそ同じである。5つの選択肢の中では最も当てはまりがよいと考えられる。

③：適切でない。回帰直線がデータの重心を通っておらず，位置が下にずれているため，多くの観測値が直線の上側にある。

④：適切でない。回帰直線がデータの重心を通っておらず，位置が上にずれているため，多くの観測値が直線の下側にある。

⑤：適切でない。回帰直線がデータの重心を通っておらず，位置が上にずれているため，多くの観測値が直線の下側にある。

よって，正解は②である。

〔3〕問題文より標本の大きさは25であり，最小二乗法で推定したパラメータの数を引くと自由度は23となる。よって，真の傾きが0という帰無仮説の下で，傾きの推定値を標準誤差で割った量は自由度23の t 分布に従う。実際にこの統計量の値を計算すると

$$\frac{-0.14510}{0.02316} \fallingdotseq -6.27$$

となる。

よって，正解は⑤である。

問2 重回帰結果の解釈・単回帰予測

次の表は，2017年の2人以上の勤労者世帯について，47都道府県庁所在市別に1世帯当たり1か月間の収入と支出をまとめたものである（単位：万円）。なお，以下の表における世帯主収入の合計は，定期収入と賞与の和である。

	世帯主収入			消費支出
	定期収入	賞与	合計	
札幌市	34.8	7.9	42.7	30.7
青森市	28.1	5.3	33.4	26.9
盛岡市	35.4	6.6	42.0	30.7
仙台市	30.6	5.3	35.9	30.9
⋮	⋮	⋮	⋮	⋮
大分市	36.6	8.0	44.6	32.2
宮崎市	29.9	5.6	35.5	30.3
鹿児島市	33.5	6.4	39.9	30.9
那覇市	27.6	4.4	32.0	26.4

〔1〕まず，消費支出が定期収入および賞与で説明できるかどうかを検証するため，次の重回帰モデルを考える。

$$消費支出 = \alpha_0 + \alpha_1 \times 定期収入 + \alpha_2 \times 賞与 + u$$

ここで，誤差項 u は互いに独立に正規分布 $N(0,\ \sigma_u^2)$ に従うとする。

定期収入，賞与にそれぞれ対応する変数を income，bonus として，上記の重回帰モデルを統計ソフトウェアによって最小二乗法で推定したところ，次の出力結果が得られた。なお，出力結果の一部を加工している。また，出力結果の (Intercept) は定数項 α_0 を表している。

重回帰モデルの出力結果

```
Coefficients:
              Estimate    Std. Error  t value    Pr(>|t|)
(Intercept)  14.58851     2.49814     5.840      5.80e-07
income        0.39461     0.08944     4.412      6.54e-05
bonus         0.47247     0.24370     1.939      0.059
---

Residual standard error: 1.898 on 44 degrees of freedom
Multiple R-squared: 0.5371, Adjusted R-squared: 0.5161
F-statistic: 25.53 on 2 and 44 DF, p-value: 4.371e-08
```

この重回帰モデルに対する解析結果の解釈に関して，次の①～⑤のうちから最も適切なものを一つ選び，番号を空欄に入力せよ。
※番号は半角数字で入力すること。(例：解答が③の場合は，半角数字の3を入力)

① 賞与を一定としたときに，定期収入が1万円増えると消費支出が約0.39万円増える傾向がある。
② 賞与と定期収入が同時に1万円増えると消費支出が約0.39万円増える傾向がある。
③ 賞与を一定としたときに，定期収入が1%増えると消費支出が約0.39%増える傾向がある。
④ 賞与と定期収入が同時に1%増えると消費支出が約0.39%増える傾向がある。
⑤ 定期収入が1万円増えたら消費支出が約0.39万円増えるし，定期収入が1%増えたら消費支出が約0.39%増える傾向がある。賞与が一定なのか定期収入と同時に増えるかは，この解釈に影響しない。

〔2〕次に，消費支出が世帯主収入合計で説明できるかどうかを検証するため，次の単回帰モデルを考える。

消費支出 $= \beta_0 + \beta_1 \times$ 世帯主収入合計 $+ v$

ここで，誤差項 v は互いに独立に正規分布 $N(0,\ \sigma_v^2)$ に従うとする。

世帯主収入合計に対応する変数を total. income として，上記の単回帰モデルを統計ソフトウェアによって最小二乗法で推定したところ，次の出力結果が得られた。なお，出力結果の一部を加工している。また，出力結果の（Intercept）は定数項 β_0 を表している。

単回帰モデルの出力結果

```
Coefficients:
              Estimate   Std. Error  t value    Pr(>|t|)
(Intercept)  14.3931    2.3531      6.117      2.09e-07
total.income  0.4121    0.0571      7.216      4.88e-09
---

Residual standard error: 1.878 on 45 degrees of freedom
Multiple R-squared: 0.5364, Adjusted R-squared: 0.5261
F-statistic: 52.07 on 1 and 45 DF, p-value: 4.879e-09
```

各係数の推定値を $\hat{\beta}_0$，$\hat{\beta}_1$ とし，消費支出 y の予測値 $\hat{y}$ を

$\hat{y} = \hat{\beta}_0 + \hat{\beta}_1 \times$ 世帯主収入合計

としてその平均を計算したところ，$\bar{\hat{y}} = 31.3$ となった。次の記述Ⅰ～Ⅲは，この単回帰モデルでの予測に関するものである。

Ⅰ．予測値の平均が $\bar{\hat{y}} = 31.3$ ということは，元のデータ y の平均 $\bar{y}$ も 31.3 である。

Ⅱ．世帯主収入合計の平均は，小数点以下第2位を四捨五入して 41.0 である。

Ⅲ．各都道府県庁所在市の予測値 $\hat{y}_i$（$i = 1,\ 2,\ \cdots,\ 47$）に残差を加えると，元のデータ y_i となる。

記述Ⅰ～Ⅲに関して，次の①～⑤のうちから最も適切なものを一つ選び，番号を空欄に入力せよ。
※番号は半角数字で入力すること。(例：解答が③の場合は，半角数字の3を入力)

① Ⅰのみ正しい。
② Ⅱのみ正しい。
③ Ⅲのみ正しい。
④ ⅠとⅡのみ正しい。
⑤ ⅠとⅡとⅢはすべて正しい。

問2の解説　　正解　〔1〕1，〔2〕5

〔1〕

①：適切である。定期収入にかかる係数は約0.39とあるので，賞与を一定としたときに，定期収入が1（万円）大きくなれば，消費支出が約0.39（万円）増加する傾向がある。

②：適切でない。賞与と定期収入が同時に1（万円）大きくなれば，消費支出は約0.86（= 0.47 + 0.39)（万円）増加する傾向がある。

③：適切でない。説明変数の1%の変化に対する被説明変数の変化率（%）は「弾力性」と呼ばれる。

$$y = \alpha + \beta x + \gamma z + \varepsilon$$

という重回帰モデルでは，弾力性は

$$\frac{\partial y/y}{\partial x/x} = \frac{\partial y}{\partial x} \times \frac{x}{y} = \beta\frac{x}{y}$$

となり，回帰係数βそのものではないため，これは誤り。

④：適切でない。③と同様の理由で誤り。

⑤：適切でない。③と同様の理由で誤り。また，賞与を一定としなければ，定期収入の増加による消費支出への影響を測ることはできない。

よって，正解は①である。

〔2〕各都道府県庁所在地の消費支出を y_i，その予測値を $\hat{y}_i$，世帯主収入合計を x_i とする。$\hat{y}_i$ は，

$$\hat{y}_i = \hat{\beta}_0 + \hat{\beta}_1 x_i$$

と表されるので，その平均は

$$\bar{\hat{y}} = \frac{1}{47}\sum_{i=1}^{47}\hat{y}_i = \frac{1}{47}\sum_{i=1}^{47}(\hat{\beta}_0 + \hat{\beta}_1 x_i) = \hat{\beta}_0 + \hat{\beta}_1 \bar{x}$$

となる。ここで，$\bar{x}$ とは世帯主合計の平均である。一方，最小二乗推定値 $\hat{\beta}_0$，$\hat{\beta}_1$ についての重要な性質として

$$\bar{y} = \hat{\beta}_0 + \hat{\beta}_1 \bar{x}$$

という関係性が成立する。

Ⅰ．正しい。上記の関係式より，

$$\bar{\hat{y}} = \hat{\beta}_0 + \hat{\beta}_1 \bar{x} = \bar{y}$$

となる。

Ⅱ．正しい。

$$\bar{\hat{y}} = 31.3,\quad \hat{\beta}_0 = 14.3931,\quad \hat{\beta}_1 = 0.4121$$

を上式に代入すると，$\bar{x} \fallingdotseq 41.0$ となる。

Ⅲ．正しい。各都道府県庁所在地の残差は $e_i = y_i - \hat{y}_i$ と定義されるから，

$$\hat{y}_i + e_i = \hat{y}_i + y_i - \hat{y}_i = y_i$$

となる。

以上から，正しい記述はⅠとⅡとⅢのすべてなので，正解は⑤である。

問3　出力結果の解釈・残差・信頼区間

糸球体濾過量（GFR）とは，腎臓が老廃物を尿に排泄する能力を示すもので，腎臓機能の指標の一つとなる。GFR < 60 が 3 か月以上続いた場合，慢性腎臓病の可能性が疑われる。一方クレアチニン（Cre）は筋肉で産生されたのち速やかに腎臓から尿中に排出され，GFR と関係がある。

心不全患者は慢性腎臓病を併発することが多いとされている。次の図と表は，心不全患者 197 症例の GFR（mL/分/1.73m²）と Cre（mg/dL）の値の散布図と統計ソフトウエアを使って推定された線形回帰直線，および出力結果である。

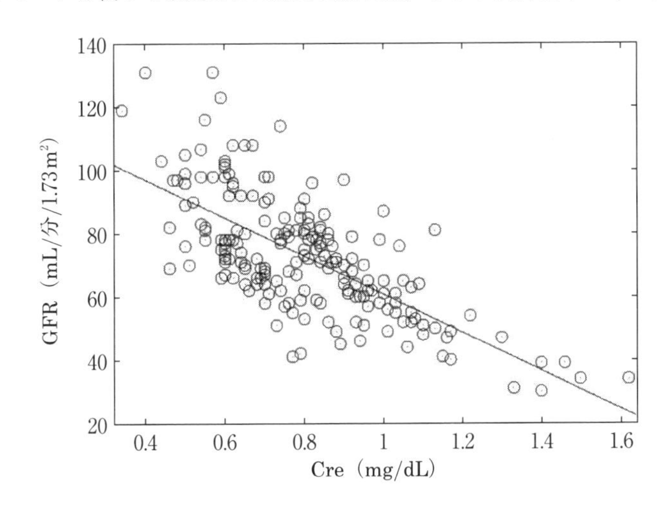

出力結果

```
Residuals:
    Min       1Q    Median      3Q      Max
-33.650  -10.471   -0.816    8.079   44.298

Coefficients:
             Estimate   Std. Error  t value    Pr(>|t|)
(Intercept)  121.052    3.639        33.26     <2e-16 ***
Cre          -60.263    4.414       -13.65     <2e-16 ***

Residual standard error: 13.41 on 195 degrees of freedom
Multiple R-squared: 0.4888, Adjusted R-squared: 0.4861
F-statistic: 186.4 on 1 and 195 DF, p-value: < 2.2e-16
```

〔1〕出力結果から読み取れる情報として，次の①～⑤のうちから最も適切なものを一つ選び，番号を空欄に入力せよ。

※番号は半角数字で入力すること。(例：解答が③の場合は，半角数字の3を入力)

① 決定係数0.4888と自由度修正済み決定係数0.4861の差，0.0027がこの回帰モデルの自由度である。

② 決定係数，自由度修正済み決定係数のどちらも0.5より小さい値なので，推定結果より得られるGFRの予測値をもとに慢性腎臓病と判断しても，50％以上の確率でその判断は誤りである。

③ 説明変数（独立変数）と被説明変数（従属変数）を入れ替えて，Creを定数とGFRに回帰したときのGFRの回帰係数の推定値は－1/60.263となる。

④ 残差の平均は残差の中央値である－0.816より大きい。

⑤ この回帰モデルにおける定数項（切片）と傾きの2つの回帰係数の推定値が有意水準1％で有意であることが，「F-statistic」の値で判断できる。

□

〔2〕回帰の残差プロットとして，次の①～④のうちから最も適切なものを一つ選び，番号を空欄に入力せよ。

※番号は半角数字で入力すること。(例：解答が③の場合は，半角数字の3を入力)

①
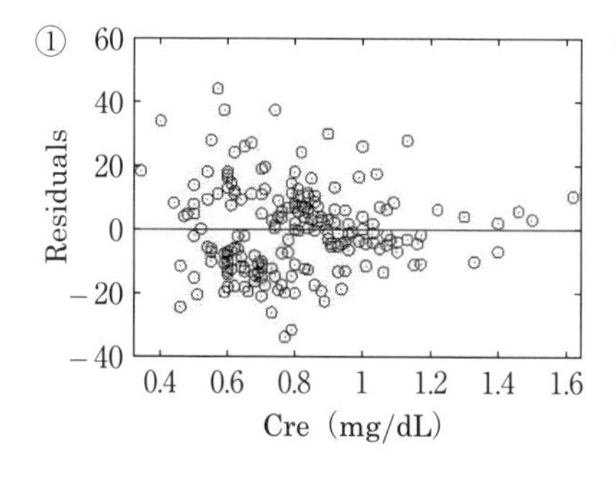

②
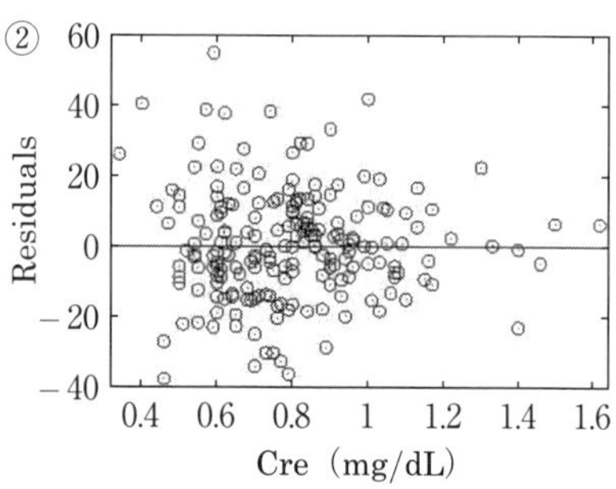

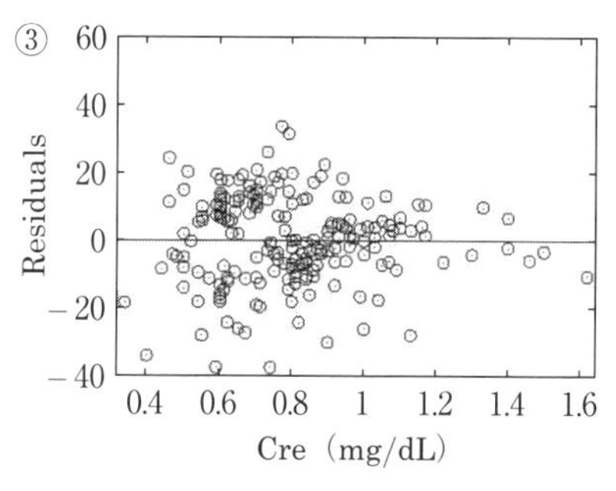

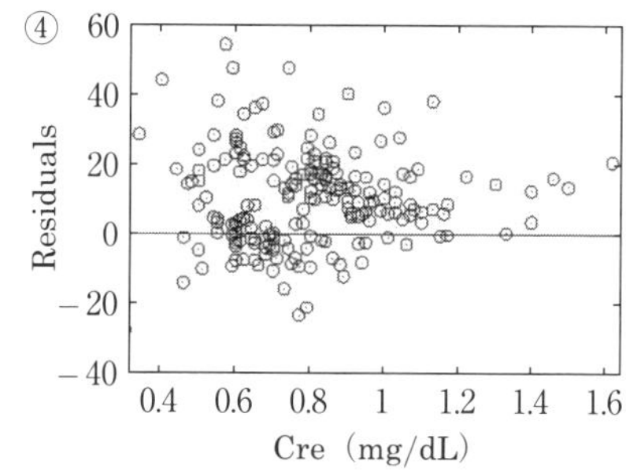

〔3〕Creの回帰係数の90%信頼区間として，次の①～⑤のうちから最も適切なものを一つ選び，番号を空欄に入力せよ。
※番号は半角数字で入力すること。(例：解答が③の場合は，半角数字の3を入力)

① [−65.91, −54.61]
② [−67.52, −53.00]
③ [−68.91, −51.61]
④ [−70.55, −49.98]
⑤ [−72.67, −47.86]

問3の解説　　正解 〔1〕4,〔2〕1,〔3〕2

〔1〕

①：適切でない。回帰モデルの自由度は標本の大きさ197から回帰係数の数2を引いた195である。

②：適切でない。決定係数や自由度修正済み決定係数は当てはまりのよさの尺度であり，予測の的中率を表すものではない。

③：適切でない。GFRをCreに回帰した場合のCreの回帰係数の推定値は

$$\frac{\text{GFRとCreの標本共分散}}{\text{Creの標本分散}}$$

となり，説明変数と被説明変数を入れ替えた場合，GFR の回帰係数の推定値は

$$\frac{\text{GFR と Cre の標本共分散}}{\text{GFR の標本分散}}$$

となる。したがって，一方の推定値がもう一方の推定値の逆数と一致するのは，Cre の標本分散と GFR の標本分散が等しい場合である。散布図より，2 つの変数の大きさは大きく異なり，両者の標本分散が異なることは明らかである。実際，Cre を GFR に回帰した場合の GFR の回帰係数の推定値は -0.008 となる。

④：適切である。回帰モデルで推定された残差の総和は 0 であるから，平均も 0 となる。したがって，平均は中央値である -0.816 より大きい。

⑤：適切でない。「F-statistic」ではなく Pr(> |t|) で判断できる。「F-statistic」は，定数項（切片）を除いた回帰係数すべてが 0 であるという帰無仮説を検定する検定統計量である。

よって，正解は④である。

［**補足**］

実際には糸球体濾過量（GFR）の検査は難しく，推算糸球体濾過量（eGFR）を計算して腎臓機能の指標としている。本問は，糸球体濾過量（GFR）が計測できたとして，GFR と Cre の関係を（簡単に）線形回帰でざっくりと考えた例である。

〔2〕

①：適切である。散布図と線形回帰直線が引かれた図より適切である。

②：適切でない。たとえば，Cre が一番小さな観測値（横軸の一番左端の観測値）に対応する残差は，散布図と線形回帰直線が引かれた図より 20 より小さな値となるはずだが，選択肢の図では 20 を超えている。他の観測値に対応する残差からも，同様の矛盾点を指摘できる。選択肢①の散布図と比べると，選択肢②の散布図の残差の散らばりが大きくなっていることがわかる。

③：適切でない。残差の符号が±逆になっている。

④：適切でない。残差の平均が明らかに正の値となっている。

よって，正解は①である。

〔3〕出力結果より回帰係数の標準誤差は 4.414 である。標本の大きさが 197 と

大きいので正規近似を用いると，90%信頼区間は

$$[-60.263-4.414\times1.645,\ -60.263+4.414\times1.645]$$
$$\fallingdotseq[-67.52,\ -53.00]$$

となる。

よって，正解は②である。

［**補足**］

正規近似を用いずに誤差項に正規分布を仮定した場合，自由度195の t 分布のパーセント点を用いて信頼区間を求めることになる。付表（巻末参照）には自由度195の t 分布のパーセント点は掲載されていないが，自由度120の t 分布のパーセント点を用いた90%信頼区間は

$$[-60.263-4.414\times1.658,\ -60.263+4.414\times1.658]$$
$$\fallingdotseq[-67.58,\ -52.94]$$

となる。求める信頼区間は，正規近似で求めた $[-67.52,\ -53.00]$ と自由度120の t 分布で求めた $[-67.58,\ -52.94]$ との間の区間となり，最も適切な選択肢はやはり②となる。

問4 ダミー変数・単回帰係数の性質

新卒者の初任給と最終学歴（以下，学歴）の関係を，4つの業種（鉱業等，建設業，製造業，電気業等）について調べたい。次の図は，学歴別に，4つの業種における2018年の新卒者の平均初任給をプロットしたものである。

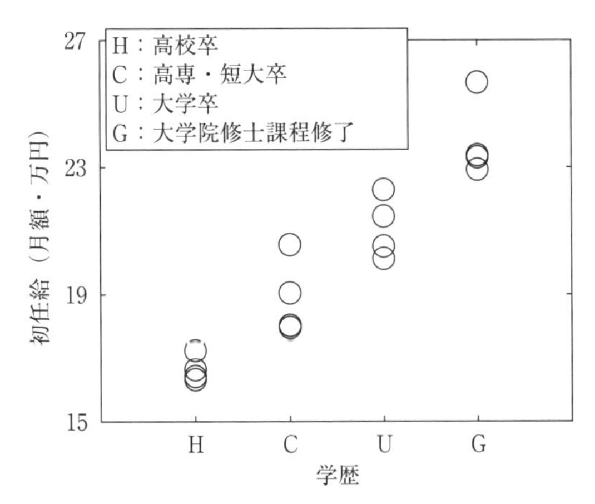

資料：厚生労働省「平成30年賃金構造基本統計調査（新規学卒者の初任給の推移）」

〔1〕高専・短大卒ダミー変数Cを，高専・短大卒なら1，それ以外なら0をとる変数とする。同様に大学卒ダミー変数Uと大学院修士課程修了ダミー変数Gを作成する。初任給yを被説明変数，3つの学歴ダミー変数C，U，Gを説明変数，互いに独立に正規分布$N(0,\ \sigma^2)$に従う誤差項をuとする重回帰モデル

$$y = \beta_1 + \beta_2 C + \beta_3 U + \beta_4 G + u$$

を最小二乗法で推定したところ，次の表のようになった。ここで，$\hat{\sigma}$は，σ^2の不偏推定値の正の平方根である。

	回帰係数	標準偏差	t-値	P-値
切片	16.653	0.510	32.652	4.31×10^{-13}
C	2.255	0.721	3.127	8.75×10^{-3}
U	4.450	0.721	6.170	4.80×10^{-5}
G	7.180	0.721	9.955	3.76×10^{-7}

観測数	16	$\hat{\sigma}$	1.020
決定係数	0.900	自由度調整済み決定係数	0.876

次の記述Ⅰ～Ⅲは，この推定結果に関するものである。

Ⅰ．この推定結果からは，高校卒の学歴と初任給の関係がわからない。高校卒ダミー変数 H を用いて $y=\gamma_1+\gamma_2 H+\gamma_3 C+\gamma_4 U+\gamma_5 G+v$ を最小二乗法で推定すべきである。
Ⅱ．大学院修士課程修了の初任給は，大学卒の初任給よりも2.73万円高い傾向がある。
Ⅲ．P-値は，自由度13の t 分布を用いて計算されている。

記述Ⅰ～Ⅲに関して，次の①～⑤のうちから最も適切なものを一つ選び，番号を空欄に入力せよ。
※番号は半角数字で入力すること。(例：解答が③の場合は，半角数字の3を入力)

① Ⅰのみ正しい。
② Ⅱのみ正しい。
③ Ⅲのみ正しい。
④ ⅠとⅡのみ正しい。
⑤ ⅡとⅢのみ正しい。

□

〔2〕教育年数 x を，高校卒は12年，高専・短大卒は14年，大学卒は16年，大学院修士課程修了は18年として考える。初任給 y を被説明変数，教育年数 x を説明変数，u を互いに独立に正規分布 $N(0,\ \sigma^2)$ に従う誤差項とする単回帰モデル

$$y=\alpha+\beta x+u$$

を最小二乗法で推定したところ，次の表のようになった。ここで，$\hat{\sigma}$ は，σ^2 の不偏推定値の正の平方根である。

	回帰係数	標準偏差	t-値	P-値
切片	2.323	1.620	1.434	0.174
x	1.187	0.107	11.109	2.5×10^{-8}

観測数	16	$\hat{\sigma}$	0.955
決定係数	0.898	自由度調整済み決定係数	0.891

次の記述Ⅰ～Ⅲは，この推定結果に関するものである。

Ⅰ．教育年数が1年増えると初任給は1.187万円上がる傾向がある。
Ⅱ．自由度調整済み決定係数とは，重回帰モデルにおいて説明変数の数に応じて決定係数を調整したものである。よって，単回帰モデルでは決定係数と自由度調整済み決定係数は等しい。今回の推定結果では0.898と0.891のように異なっているが，これは計算の丸め誤差のためである。
Ⅲ．両側検定 $H_0 : \alpha = 0$, $H_1 : \alpha \neq 0$ を行っても，片側検定 $H_0 : \alpha = 0$, $H_1 : \alpha > 0$ を行っても，P-値は0.174で同じである。

記述Ⅰ～Ⅲに関して，次の①～⑤のうちから最も適切なものを一つ選び，番号を空欄に入力せよ。
※番号は半角数字で入力すること。(例：解答が③の場合は，半角数字の3を入力)

① Ⅰのみ正しい。
② Ⅱのみ正しい。
③ Ⅲのみ正しい。
④ ⅠとⅡのみ正しい。
⑤ ⅠとⅡとⅢはすべて誤り。

[ ]

問4の解説　正解 〔1〕2,〔2〕1

〔1〕推定結果から，予測式として

$$y = 16.653 + 2.255 \times C + 4.450 \times U + 7.180 \times G$$

が得られる。

Ⅰ．誤り。この重回帰モデルでは，切片 β_1 が高校卒の初任給を表している。また，$y = \gamma_1 + \gamma_2 H + \gamma_3 C + \gamma_4 U + \gamma_5 G + v$ とモデリングすると，常に $H + C + U + G = 1$ という線形関係すなわち多重共線性問題が生じてしまう。

Ⅱ．正しい。大卒の初任給の予測値が $16.653 + 4.450$，大学院修士課程修了の初任給の予測値が $16.653 + 7.180$ であるから，$7.180 - 4.450 = 2.73$（万円）高い傾向がある。

Ⅲ．誤り。この重回帰分析における検定統計量は，各回帰係数が0であるという帰無仮説の下で，自由度 $16-3-1=12$ の t 分布に従う。

以上から，正しい記述はⅡのみなので，正解は②である。

〔2〕推定結果から，予測式として

$$\text{初任給} = 2.323 + 1.187 \times \text{教育年数}$$

が得られる。

Ⅰ．正しい。予測式より，教育年数が1.0大きくなれば，初任給は1.187（万円）増加する傾向があることがわかる。

Ⅱ．誤り。y の総平方和を S_y，残差平方和を S_e とし，標本サイズを n，説明変数の個数を p としたとき，決定係数（R^2）および自由度調整済み決定係数（R^{*2}）は

$$R^2 = 1 - \frac{S_e}{S_y},\ R^{*2} = 1 - \frac{S_e/(n-p-1)}{S_y/(n-1)}$$

となる。単回帰モデルの場合，$p=1$ であるから，決定係数と自由度調整済み決定係数は等しくない。

Ⅲ．誤り。自由度14の t 分布に従う確率変数を $t(14)$ とすると，両側検定の場合の P-値は，$P(|t(14)|>1.434)=0.174$ である。一方，片側検定の場合の P-値は半分となり，$P(t(14)>1.434)=0.087 \neq 0.174$ である。

以上から，正しい記述はⅠのみなので，正解は①である。

SUBCATEGORY
10-2
分散分析の分野

問1 一元配置分散分析の基本

コンビニエンスストアチェーンX社は，ある都市の4つの異なる地域で5店舗ずつ計20店舗を展開している。地域ごとの売上げの違いを調べるため，昨年度の売上げデータを用いて地域を要因とする一元配置分散分析を行った結果，次の表を得た。

分散分析表

要因	平方和	自由度	平均平方	F-値	$Pr(>F)$
地域	0.2204	(ア)	(ウ)	(オ)	0.0405
残差	0.3370	(イ)	(エ)		

〔1〕この20店舗の売上げの標本分散（不偏分散）はいくらか。次の①～⑤のうちから最も適切なものを一つ選び，番号を空欄に入力せよ。
※番号は半角数字で入力すること。(例：解答が③の場合は，半角数字の3を入力)

① 0.0293
② 0.0728
③ 0.0945
④ 0.5574
⑤ 6.0532

[ ]

〔2〕表の（ア）～（オ）に当てはまる値の組合せとして，次の①～⑤のうちから最も適切なものを一つ選び，番号を空欄に入力せよ。

※番号は半角数字で入力すること。（例：解答が③の場合は，半角数字の3を入力）

① （ア）4　（イ）16　（ウ）0.05510　（エ）0.02106　（オ）0.382
② （ア）4　（イ）19　（ウ）0.05510　（エ）0.01774　（オ）0.322
③ （ア）4　（イ）19　（ウ）0.05510　（エ）0.01774　（オ）3.270
④ （ア）3　（イ）16　（ウ）0.07347　（エ）0.02106　（オ）0.280
⑤ （ア）3　（イ）16　（ウ）0.07347　（エ）0.02106　（オ）3.488

〔3〕この4つの地域における売上げの母平均をそれぞれμ_1，μ_2，μ_3，μ_4とする。上の分散分析表に基づき有意水準5%で検定を行ったときの記述として，次の①～④のうちから最も適切なものを一つ選び，番号を空欄に入力せよ。

※番号は半角数字で入力すること。（例：解答が③の場合は，半角数字の3を入力）

① 帰無仮説を$H_0: \mu_1 = \mu_2 = \mu_3 = \mu_4$，対立仮説を$H_1: \mu_1$，$\mu_2$，$\mu_3$，$\mu_4$のうち少なくとも1つは異なる，として有意水準5%で検定を行うと，帰無仮説は棄却され，4つの各地域の売上げの平均のうち少なくとも1つは異なっていると結論できる。

② 帰無仮説を$H_0: \mu_1 = \mu_2 = \mu_3 = \mu_4$，対立仮説を$H_1: \mu_1$，$\mu_2$，$\mu_3$，$\mu_4$のうち少なくとも1つは異なる，として有意水準5%で検定を行うと，帰無仮説は棄却できない。

③ 帰無仮説を$H_0: \mu_1 = \mu_2 = \mu_3 = \mu_4$，対立仮説を$H_1: \mu_1$，$\mu_2$，$\mu_3$，$\mu_4$のすべてが異なる，として有意水準5%で検定を行うと，帰無仮説は棄却され，4つの各地域の売上げの平均はすべて異なっていると結論できる。

④ 帰無仮説を$H_0: \mu_1 = \mu_2 = \mu_3 = \mu_4$，対立仮説を$H_1: \mu_1$，$\mu_2$，$\mu_3$，$\mu_4$のすべてが異なる，として有意水準5%で検定を行うと，帰無仮説は棄却できない。

問 1 の解説　　正解　〔1〕1,〔2〕5,〔3〕1

〔1〕平方和の分解から

$$
\begin{aligned}
\text{全平方和} &= \text{水準間（地域間）平方和} + \text{残差平方和} \\
&= 0.2204 + 0.3370 \\
&= 0.5574
\end{aligned}
$$

が成り立つ。不偏分散はこの値を $20-1=19$ で割ったものであり，計算すると約 0.0293 となる。

よって，正解は①である。

〔2〕4 つの地域があるとき，地域間の変動に関する自由度は $4-1=3$ であり，その平均平方は平方和を自由度で割った量であるから $0.2204/3 \fallingdotseq 0.07347$ となる。また残差の自由度は $20-4=16$ となり，平均平方は $0.3370/16 \fallingdotseq 0.02106$ となる。最後に，F- 値は地域に関する平均平方を残差平均平方で割った値であるから，$0.07347/0.02106 \fallingdotseq 3.4886$ となる。この値は，表にある P- 値とも矛盾しない。よって，（ア）～（オ）に当てはまる値はそれぞれ 3, 16, 0.07347, 0.02106, 3.4886 となる。

よって，正解は⑤である。

〔3〕分散分析表で想定される帰無仮説は「すべての水準間で母平均が等しい」というものであり，対立仮説は「少なくとも 1 組の水準間で母平均が異なる」というものである。これに該当する選択肢は①と②である。また，与えられた分散分析表では P- 値が 0.0405 となっており，有意水準 5% よりも小さいので，帰無仮説は棄却される。

よって，正解は①である。

問2　平方和・自由度・結果の説明

次の表は，JFA（日本フランチャイズチェーン協会）正会員のコンビニエンスストア全店の月別の売上高（単位：億円）を2008年から2018年までの11年間集計したものである。月ごとの売上高に差があると言えるかどうかを考察したい。

月\年	2008	2009	2010	2011	2012	2013	2014	2015	2016	2017	2018
1月	575	630	613	652	690	718	755	788	815	837	837
2月	556	583	571	616	676	670	710	733	779	781	795
3月	622	663	645	700	735	772	830	844	865	886	914
4月	605	645	636	652	723	742	754	818	848	869	891
5月	649	669	662	708	754	786	815	869	886	911	915
6月	649	655	661	730	745	786	806	844	872	890	915
7月	746	708	727	808	818	856	884	932	963	984	1000
8月	734	713	733	799	826	859	877	926	951	960	985
9月	674	655	753	737	760	787	812	851	874	890	938
10月	687	668	643	749	767	801	830	878	902	905	916
11月	658	634	654	723	737	779	801	829	843	860	891
12月	702	681	719	771	796	833	862	894	908	926	969

資料：一般社団法人日本フランチャイズチェーン協会

このデータを用いて月を変動要因とする一元配置分散分析を行った結果，次の表を得た。ただし，それぞれの月で売上高の平均は一定であり，誤差は独立かつ同一の分布に従うと仮定する。

変動要因	平方和	自由度	F- 値
水準間	317441	（ア）	3.0471
残差	1136491	（イ）	

〔1〕j 年 i 月の売上高を y_{ij}（$i=1, \cdots, 12; j=2008, \cdots, 2018$）とし，月ごとの平均を $\bar{y}_{i\cdot}$，年ごとの平均を $\bar{y}_{\cdot j}$，全体の平均を $\bar{y}_{\cdot\cdot}$ とする。水準間平方和（S_A）と残差平方和（S_e）の式の組合せとして正しいものはどれか。次の①～⑤のうちから最も適切なものを一つ選び，番号を空欄に入力せよ。
※番号は半角数字で入力すること。(例：解答が③の場合は，半角数字の 3 を入力)

① $S_A=\sum_{i=1}^{12} 11(\bar{y}_{i\cdot}-\bar{y}_{\cdot\cdot})^2$,　$S_e=\sum_{i=1}^{12}\sum_{j=2008}^{2018}(y_{ij}-\bar{y}_{i\cdot})^2$

② $S_A=\sum_{i=1}^{12} 11(\bar{y}_{i\cdot}-\bar{y}_{\cdot\cdot})^2$,　$S_e=\sum_{i=1}^{12}\sum_{j=2008}^{2018}(y_{ij}-\bar{y}_{\cdot\cdot})^2$

③ $S_A=\sum_{j=2008}^{2018} 12(\bar{y}_{\cdot j}-\bar{y}_{\cdot\cdot})^2$,　$S_e=\sum_{i=1}^{12}\sum_{j=2008}^{2018}(y_{ij}-\bar{y}_{i\cdot})^2$

④ $S_A=\sum_{j=2008}^{2018} 12(\bar{y}_{\cdot j}-\bar{y}_{\cdot\cdot})^2$,　$S_e=\sum_{i=1}^{12}\sum_{j=2008}^{2018}(y_{ij}-\bar{y}_{\cdot\cdot})^2$

⑤ $S_A=\sum_{j=2008}^{2018} 12(\bar{y}_{\cdot j}-\bar{y}_{\cdot\cdot})^2$,　$S_e=\sum_{i=1}^{12}\sum_{j=2008}^{2018}(y_{ij}-y_{\cdot j})^2$

[　　　]

〔2〕表の（ア），（イ）の組合せとして，次の①～⑤のうちから適切なものを一つ選び，番号を空欄に入力せよ。
※番号は半角数字で入力すること。(例：解答が③の場合は，半角数字の 3 を入力)

① （ア）10　（イ） 11
② （ア）10　（イ）122
③ （ア）11　（イ）120
④ （ア）11　（イ）121
⑤ （ア）12　（イ）120

[　　　]

〔3〕月ごとの売上高の母平均を u_i $(i = 1, \cdots, 12)$ とする。次の記述Ⅰ～Ⅲは，この一元配置分散分析の結果に関するものである。

> Ⅰ．帰無仮説を $H_0 : u_i$ はすべて等しい，対立仮説を $H_1 : u_i$ のすべてが異なる，として有意水準5%で検定を行うと，帰無仮説は棄却される。
> Ⅱ．帰無仮説を $H_0 : u_i$ はすべて等しい，対立仮説を $H_1 : u_i$ のうち少なくとも1つが異なる，として有意水準5%で検定を行うと，月ごとの売上高に差があるとは判断できない。
> Ⅲ．帰無仮説を $H_0 : u_i$ はすべて等しい，対立仮説を $H_1 : u_i$ のうち少なくとも1つが異なる，として検定を行うと，P-値は2.5%より小さい。

記述Ⅰ～Ⅲに関して，次の①～⑤のうちから最も適切なものを一つ選び，番号を空欄に入力せよ。
※番号は半角数字で入力すること。(例：解答が③の場合は，半角数字の3を入力)

① Ⅰのみ正しい。
② Ⅱのみ正しい。
③ Ⅲのみ正しい。
④ ⅠとⅡとⅢはすべて正しい。
⑤ ⅠとⅡとⅢはすべて誤りである。

[ ]

問2の解説　　正解　〔1〕1，〔2〕3，〔3〕3

〔1〕「月を変動要因とする」とあるので，第 i 月 $(i = 1, \cdots, 12)$ での売上高が水準 A_i での観測となる。水準 A_i でのデータの大きさは $n_i = 11$ (11年間のデータ）であるから，水準間平方和は

$$S_A = \sum_{i=1}^{12} n_i (\bar{y}_{i\cdot} - \bar{y}_{\cdot\cdot})^2 = \sum_{i=1}^{12} 11 (\bar{y}_{i\cdot} - \bar{y}_{\cdot\cdot})^2$$

となり，残差平方和は

$$S_e = \sum_{i=1}^{12} \sum_{j=2008}^{2018} (y_{ij} - \bar{y}_{i\cdot})^2$$

となる。
よって，正解は①である。

〔2〕水準の数が $a = 12$（か月）であるから，水準間平方和の自由度は，$a - 1 = 12 - 1 = 11$ となる。また，標本の大きさは

$$n = 12\text{（か月）} \times 11\text{（年間）} = 132$$

であるから，残差平方和の自由度は，$n - a = 132 - 12 = 120$ となる。
よって，正解は③である。

〔3〕一元配置分散分析では，帰無仮説 H_0 および対立仮説 H_1 をそれぞれ

$H_0 : \mu_i$ はすべて等しい，　$H_1 : \mu_i$ のうち少なくとも1つが異なる

と設定して検定を行う。このとき，帰無仮説の下で，検定統計量 F は自由度 $(a - 1,\ n - a)$ の F 分布に従う。本問の場合，有意水準を α としたとき，F- 値が自由度（11，120）の F 分布の上側 α 点よりも大きければ，帰無仮説を棄却する。

Ⅰ．誤り。対立仮説が誤っている。

Ⅱ．誤り。自由度 $(v_1,\ v_2)$ の F 分布の上側 α を $F_\alpha(v_1,\ v_2)$ とすると，F 分布のパーセント点を示す付表（巻末参照）から，$F_{0.05}(15,\ 120) < F_{0.05}(11,\ 120) < F_{0.05}(10,\ 120)$ である。$F_{0.05}(10,\ 120) = 1.910$ であることと，また，本問の表の F- 値は 3.0471 より，

$$F_{0.05}(11,\ 120) < 1.910 < 3.0471$$

となり，帰無仮説は棄却される。これより，月ごとの売上高に差があると判断できる。

Ⅲ．正しい。Ⅱと同様にして，$F_{0.025}(11,\ 120) < F_{0.025}(10,\ 120) = 2.157 < 3.0471$ がわかる。つまり，F- 値が 3.0471 であるため，それ以上の値をとる確率が 0.025 より小さいことがわかるので

$$P\text{- 値} < 0.025$$

となる。
以上から，正しい記述はⅢのみなので，正解は③である。

［**補足**］

このデータを見ると，月ごとの変動だけでなく，年ごとの変動も疑われる。このような場合は2元配置分散分析のほうが好ましいが，2級の出題範囲を超えるため1元配置分散分析を行った。

また，〔3〕Ⅱについて，自由度（11，120）の上側5％点 $F_{0.05}(11,\ 120)$ を

$F_{0.05}(10,\ 120) = 1.910$，$F_{0.05}(15,\ 120) = 1.750$ を用いて補間により近似すると，

$$F_{0.05}(15,\ 120) + \left(\frac{\dfrac{1}{11} - \dfrac{1}{15}}{\dfrac{1}{10} - \dfrac{1}{15}}\right) \times (F_{0.05}(10,\ 120) - F_{0.05}(15,\ 120))$$

$$\fallingdotseq 1.750 + 0.7273 \times (1.910 - 1.750)$$

$$\fallingdotseq 1.8663$$

となる（実際は，$F_{0.05}(11,\ 120) = 1.869$）。〔3〕Ⅲも同様にして $F_{0.025}(11,\ 120)$ を近似的に計算できる。

問3 母平均の差の検定と一元配置分散分析

次の表は，2017年度プロ野球におけるリーグごとの球団別ホームゲーム年間入場者数（単位は万人）である。

セントラル・リーグの球団別年間入場者数

球団A	球団B	球団C	球団D	球団E	球団F	平均	偏差平方和
218	303	198	296	201	186	233.7	13,549

パシフィック・リーグの球団別年間入場者数

球団G	球団H	球団I	球団J	球団K	球団L	平均	偏差平方和
209	177	167	145	161	253	185.3	7,763

資料：日本野球機構

各リーグ内において入場者数は独立で同一の分布に従い，かつ，セントラル・リーグとパシフィック・リーグの各球団の年間入場者数の母分散は等しいとみなし，両リーグの球団別年間入場者数の母平均に差があるかどうかを2つの方法で検定したい。

〔1〕 2つの母平均の差に関するt検定を行う。t-値として，次の①～⑤のうちから最も適切なものを一つ選び，番号を空欄に入力せよ。
※番号は半角数字で入力すること。(例：解答が③の場合は，半角数字の3を入力)

① 0.07
② 0.33
③ 1.05
④ 1.82
⑤ 2.00

〔2〕同様の帰無仮説・対立仮説に対して，一元配置分散分析を行うことを考える。一元配置分散分析における F-値として，次の①～⑤のうちから最も適切なものを一つ選び，番号を空欄に入力せよ。
※番号は半角数字で入力すること。(例：解答が③の場合は，半角数字の3を入力)

① 0.14
② 1.11
③ 1.66
④ 3.30
⑤ 4.01

[　　]

問3の解説　正解　〔1〕4，〔2〕4

〔1〕2つの母集団からの無作為標本を $x_1, \cdots, x_m$，$y_1, \cdots, y_n$ とすると，母分散が未知で等しい場合の母平均の差の検定における t 統計量の計算式は

$$t = \frac{\bar{x} - \bar{y}}{\sqrt{\left(\frac{1}{m} + \frac{1}{n}\right)\frac{\sum (x_i - \bar{x})^2 + \sum (y_i - \bar{y})^2}{m + n - 2}}}$$

で与えられる。ただし，$\bar{x} = \sum x_i/m$，$\bar{y} = \sum y_i/n$。問題文より，$m = n = 6$，$\bar{x} = 233.7$，$\bar{y} = 185.3$，$\sum (x_i - \bar{x})^2 = 13549$，$\sum (y_i - \bar{y})^2 = 7763$ を代入して

$$t = \frac{233.7 - 185.3}{\sqrt{\left(\frac{1}{6} + \frac{1}{6}\right)\frac{13549 + 7763}{6 + 6 - 2}}} = \frac{48.4}{\sqrt{\frac{21312}{30}}} = 1.8159 \cdots \fallingdotseq 1.82$$

を得る。
　よって，正解は④である。

〔2〕自由度 (1，m) の F-値は自由度 m の t-値の2乗であるから，$F = (1.8159 \cdots)^2 \fallingdotseq 3.30$ を得る。
　よって，正解は④である。

［**補足**］

ここでは，与えられたデータから一元配置分散分析表を作成し，F-値を求めてみる。

与えられた12球団の年間入場者数のデータから，総平方和は次のように計算できる。

$$218^2 + 303^2 + \cdots + 253^2 - 12 \times \{(233.7 + 185.3)/2\}^2 = 28321$$

また，誤差平方和は，与えられている偏差平方和の値より $13549 + 7763 = 21312$ と計算できる。これらの値から，リーグ間平方和は $28321 - 21312 = 7009$ と求めることができる。また，リーグ間平方和，誤差平方和，総平方和の自由度は，それぞれ1，10，11であるから，次のような分散分析表が作成できる。これから，表中の2つの平均平方の比として，F-値が $7009/2131.2 \fallingdotseq 3.29$ と求められる。

変動要因	平方和	自由度	平均平方	F-値
リーグ間	7,009	1	7,009	3.290
誤差	21,312	10	2131.2	
合計	28,321	11		

問4 重回帰モデルに対する分散分析

賃貸マンションの家賃（円）が，部屋の大きさ（m^2）と築年数（年）で説明できるかどうかを検証するため，次の重回帰モデルを考える。

家賃 $= \alpha_0 + \alpha_1 \times$ 部屋の大きさ $+ \alpha_2 \times$ 築年数 $+ u$

ここで，誤差項 u は互いに独立に正規分布 $N(0, \sigma_u^2)$ に従うとする。

この重回帰モデルを統計ソフトウェアによって最小二乗法で推定したところ，次の出力結果が得られた。なお，出力結果の一部を加工・省略している。また，出力結果の（Intercept）は定数項 α_0 を表している。

出力結果

```
lm(formula = 家賃~大きさ + 築年数)

Coefficients:
              Estimate    Std. Error  t value    Pr(>|t|)
(Intercept)   33.42282    2.81541     11.871     <2e-16 ***
大きさ          2.83278    0.09214     30.746     <2e-16 ***
築年数         -1.18052    0.12946     -9.119     <2e-16 ***

Residual standard error: 9.904 on 185 degrees of freedom
Multiple R-squared: 0.8512, Adjusted R-squared: 0.8496
```

この計算結果に基づいて，この重回帰分析の場合の分散分析表を作成し，回帰の有意性検定を行う。

残差の標準誤差は9.904で，自由度が185だから，残差の平方和 S_e^2 は $9.904^2 \times 185 \approx 18146$ となる。総変動を S_T^2，重相関係数の2乗を R^2 とすれば，$R^2 = 1 - S_e^2/S_T^2 = 0.8512$ が成立するから，$S_T^2 \approx 121949$ と計算できる。したがって，回帰の平方和は $S_R^2 = S_T^2 - S_e^2 = 121949 - 18146 \approx 103803$ となる。以上をまとめると，分散分析表は次のようになる。

変動要因	平方和	自由度	平均平方	F-値
回帰	103,803	（ア）	（ウ）	（オ）
残差	18,146	185	（エ）	
合計	121,949	（イ）		

〔1〕上の表中の（ア），（オ）の組合せとして，次の①～⑤のうちから最も適切なものを一つ選び，番号を空欄に入力せよ。
※番号は半角数字で入力すること。（例：解答が③の場合は，半角数字の3を入力）

① （ア）1　　（オ）0.851
② （ア）2　　（オ）0.426
③ （ア）2　　（オ）529
④ （ア）3　　（オ）53.1
⑤ （ア）3　　（オ）0.284

〔2〕上の出力結果と分散分析表に基づいて，回帰の有意性の検定を行う。帰無仮説を H_0：回帰は有意でない，対立仮説を H_1：回帰は有意である，とするとき，有意水準5%で検定を行ったときの記述として，次の①～⑤のうちから最も適切なものを一つ選び，番号を空欄に入力せよ。
※番号は半角数字で入力すること。（例：解答が③の場合は，半角数字の3を入力）

① 帰無仮説の下では検定統計量は自由度（1，187）の F 分布に従うが，検定統計量の値はその分布の上側5%点より小さいので，帰無仮説は棄却できず，回帰は有意であるとは言えない。
② 帰無仮説の下では検定統計量は自由度（2，187）の F 分布に従うが，検定統計量の値はその分布の上側5%点より小さいので，帰無仮説は棄却できず，回帰は有意であるとは言えない。
③ 帰無仮説の下では検定統計量は自由度（2，185）の F 分布に従うが，検定統計量の値はその分布の上側5%点より大きいので，帰無仮説は棄却でき，回帰は有意であると言える。
④ 帰無仮説の下では検定統計量は自由度（3，187）の F 分布に従うが，検定統計量の値はその分布の上側5%点より小さいので，帰無仮説は棄却できず，回帰は有意であるとは言えない。
⑤ 帰無仮説の下では検定統計量は自由度（3，185）の F 分布に従うが，検定統計量の値はその分布の上側5%点より大きいので，帰無仮説は棄却でき，回帰は有意であると言える。

問4の解説　　正解　〔1〕3,〔2〕3

〔1〕問題に与えられている分散分析表から,（ア）～（オ）の値を計算すると次のようになる。

（ア）= 2,　（イ）= 187,　（ウ）= 103803/2 ≒ 51902,

（エ）= 18146/185 ≒ 98.9,　（オ）= 51902/98.9 ≒ 529.1

したがって,分散分析表は次のようになる。

変動要因	平方和	自由度	平均平方	F-値
回帰	103,803	2	51,902	529.1
残差	18,146	185	98.09	
合計	121,949	187		

よって,正解は③である。

〔2〕〔1〕の結果より,回帰の有意性検定に用いる統計量は,帰無仮説の下では自由度 (2, 185) の F 分布に従う。このデータの場合,検定統計量の値は 529.1 であり,これは上記の F 分布の上側 5% 点より大きい。したがって,帰無仮説は棄却でき,回帰は有意であると言える。

よって,正解は③である。

PART 3 模擬テスト

PART3 では，実際の試験を模擬体験できるテスト問題を掲載する。本試験の半分程度の問題数であるが，問題のレベルや解答感覚を身につけてほしい。正解と解説は後半部分にまとめている。

問題数：17 題　試験時間：45 分　合格水準：6 割以上

1 問題

問 1

次の図は，2018 年 12 月 1 日～ 12 月 31 日の，東京・名古屋・大阪・広島・福岡（以下，「5 都市」とする）の平均気温（日ごとの値，単位：℃）の箱ひげ図である。

なお，これらの箱ひげ図では，“「第 1 四分位数」－「四分位範囲」× 1.5” 以上の値をとるデータの最小値，および “「第 3 四分位数」＋「四分位範囲」× 1.5” 以下の値をとるデータの最大値までひげを引き，これらよりも外側の値を外れ値として○で示している。

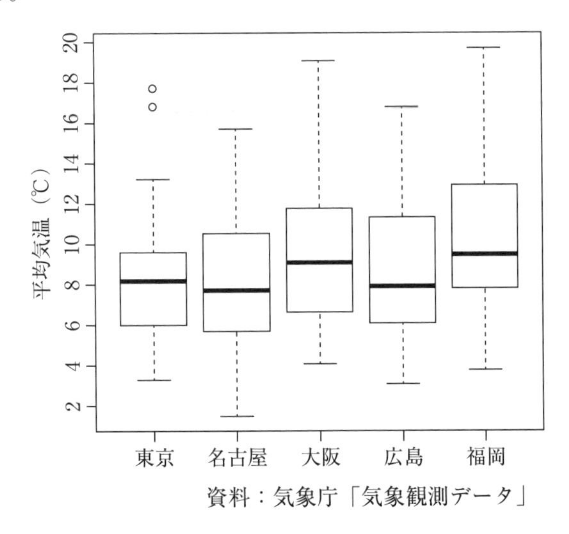

資料：気象庁「気象観測データ」

5 都市の平均気温の箱ひげ図から読み取れることとして，次の①～⑤のうちから最も適切なものを一つ選べ。 1

① 平均気温の範囲が最も大きい都市は広島である。
② 平均気温の四分位範囲が最も小さい都市は名古屋である。
③ 平均気温の第 1 四分位数が最も大きい都市は福岡である。
④ 平均気温の中央値が最も小さい都市は大阪である。
⑤ 平均気温の最大値が最も小さい都市は東京である。

問2

気温を測る単位として，日本では摂氏（℃）が用いられている。一方で，アメリカにおいては，華氏（°F）を用いるのが一般的であり，摂氏（℃）から華氏（°F）への変換公式は $F = 1.8C + 32$ となる。次の表は，2018年12月9日のアメリカの17の主要都市における最低気温のデータを摂氏と華氏，双方の単位で記載したものである。

No.	主要都市	摂氏	華氏	No.	主要都市	摂氏	華氏
1	アトランタ	1	33.8	10	ニューヨーク	−1	30.2
2	アンカレジ	−6	21.2	11	ヒューストン	4	39.2
3	サンフランシスコ	6	42.8	12	ボストン	−5	23.0
4	シアトル	4	39.2	13	ポートランド	6	42.8
5	シカゴ	−6	21.2	14	マイアミ	22	71.6
6	デトロイト	−4	24.8	15	ラスベガス	7	44.6
7	デンバー	−1	30.2	16	ロサンゼルス	10	50.0
8	ニューオーリンズ	4	39.2	17	ワシントン D.C.	0	32.0
9	メンフィス	−1	30.2				

資料：日本気象協会

上記の摂氏で表されたデータを標準化得点に変換したものを $z_1, \ldots, z_{17}$ とし，華氏で表されたデータを標準化得点に変換したものを $w_1, \ldots, w_{17}$ とする。ただし，下付きの添え字はこれらのデータのNo.に対応している。また，標準化得点の計算に用いる標準偏差は不偏分散の正の平方根とし，摂氏で表されたデータの平均は2.4，標準偏差は7.0であった。次の記述Ⅰ～Ⅲは，上のデータの標準化得点に関する説明である。

Ⅰ．$\dfrac{1}{17}\displaystyle\sum_{i=1}^{17} z_i = 0$ であり，かつ $\dfrac{1}{16}\displaystyle\sum_{i=1}^{17} z_i^2 = 1$ である。
Ⅱ．標準化得点 $z_1, \ldots, z_{17}$ のどの値も2.5より小さい値をとる。
Ⅲ．すべての $i = 1, \ldots, 17$ に対して，$z_i = w_i$ となる。

記述Ⅰ～Ⅲに関して，次の①～⑤のうちから最も適切なものを一つ選べ。 [2]

① Ⅰのみ正しい。　② Ⅱのみ正しい。　③ ⅠとⅡのみ正しい。
④ ⅠとⅢのみ正しい。　⑤ ⅠとⅡとⅢはすべて正しい。

問3

次の図は，性別と雇用形態別に，一般労働者の年齢（5歳ごとの階級）と6月の所定内給与額の平均（以下，賃金）をプロットしたものである。

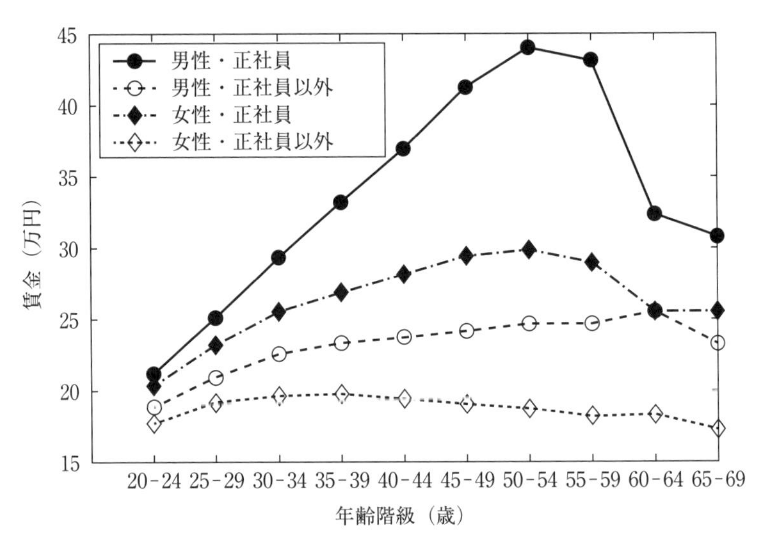

資料：厚生労働省「2016年賃金構造基本統計調査」

年齢の階級値と賃金の相関係数を，性別と雇用形態別に計算したところ，次の表のようになった。

男性・正社員	男性・正社員以外	女性・正社員	女性・正社員以外
0.58	0.80	0.56	−0.46

次の記述Ⅰ～Ⅲは，表中の相関係数に関するものである。

Ⅰ．“男性・正社員”と“男性・正社員以外”を比べると，正社員のほうが相関係数の絶対値は小さい。ただし，上の図より，正社員の年齢と賃金には直線関係でない関係が存在し，相関係数のみで正社員のほうが年齢と賃金の関係性が強くないと判断してはいけない。
Ⅱ．“女性・正社員”について，20歳～54歳のデータのみで相関係数を計算すると，0.56より絶対値が小さくなる。
Ⅲ．“女性・正社員以外”は，年齢が1歳上がると賃金が0.46万円下がることが相関係数の値よりわかる。

記述Ⅰ～Ⅲに関して，次の①～⑤のうちから最も適切なものを一つ選べ。［3］

① Ⅰのみ正しい。　② Ⅱのみ正しい。　③ Ⅲのみ正しい。
④ ⅠとⅡのみ正しい。　⑤ ⅠとⅡとⅢはすべて誤り。

問4

ある中学校の生徒100人が，国語と数学のテストを受けた。いずれも100点満点である。この結果，国語の得点の標準偏差は12.5，数学の得点の標準偏差は16.4，国語と数学の得点の相関係数は0.72であった。

次の記述は，数学の得点のみ2倍にしたときの，変動係数と共分散の変化に関するものである。

すべての生徒について数学の得点のみ2倍にすると，数学の得点の変動係数は（A)。また，国語と数学の得点の共分散は（B)。

(A)と(B)に当てはまるものの組合せとして，次の①～⑤のうちから適切なものを一つ選べ。［4］

① (A) 変わらない　(B) 変わらない
② (A) 変わらない　(B) 2倍になる
③ (A) 2倍になる　(B) 変わらない
④ (A) 2倍になる　(B) 2倍になる
⑤ (A) 2倍になる　(B) 4倍になる

問5

標本抽出法に関する記述として，次の①～⑤のうちから最も適切なものを一つ選べ。 5

① 多段抽出では，段数を増やせば増やすほど高い精度を得ることができる。
② 系統抽出は，似た傾向を持つように母集団を系統的にグループ分けし，すべてのグループから少数の個体を無作為に抽出し，標本とする方法である。
③ 回答率の低い調査であっても，無作為抽出で，有効回答数が十分にあれば，高い精度を達成できる。
④ 系統抽出した標本による調査結果のほうが，単純無作為抽出した標本による調査結果よりもいつでも高い精度であるといえる。
⑤ クラスター（集落）抽出は，母集団を網羅的に分割し小集団（クラスター）を構成したうえで，その中から抽出されたいくつかのクラスター内の個体すべてを調査する方法である。

問6

サークルの部室にいたＳ君は，隣の部室にお菓子をもらいに行った。隣の部室にはＴ君とＵ君がいて，自分たちと腕相撲を３回して２連勝した時点でお菓子をあげるという。Ｓ君がＴ君に勝つ確率をp，Ｕ君に勝つ確率をqとする。ただし，各腕相撲の試合の勝敗は互いに独立とする。

「Ｔ君－Ｕ君－Ｔ君」の順で対戦するとき，Ｓ君がお菓子を獲得する確率はいくらか。次の①～⑤のうちから適切なものを一つ選べ。 6

① pq
② $pq + qp$
③ $p(1-q) + q(1-p)$
④ $pq(1-p)$
⑤ $pq + (1-p)qp$

問7

ある世帯の毎年6月における電気料金は，平均4,000円，標準偏差500円の独立で同一の正規分布で近似される。ある年において，6月の電気料金が4,800円以上になる確率はいくらか。次の①～⑤のうちから最も適切なものを一つ選べ。 7

① 0.036
② 0.055
③ 0.067
④ 0.145
⑤ 0.436

問8

2つの確率変数 X と Y に関して，期待値 $E[X]$，$E[Y]$ および X と Y の積の期待値 $E[XY]$ が以下のようになっている。

$E[X]=1$,　$E[Y]=2$,　$E[XY]=4$

いま，$Z=X+Y$，$W=2X-Y$ としたとき，分散 $V[Z]$，$V[W]$ が $V[Z]=V[W]=24$ であった。

このとき，X と Y の共分散 $\mathrm{Cov}[X, Y]$ と，X，Y の2乗の期待値 $E[X^2]$, $E[Y^2]$ の値の組合せとして，次の①～⑤のうちから適切なものを一つ選べ。 8

① $\mathrm{Cov}[X, Y]=2$,　$E[X^2]=4$,　$E[Y^2]=16$
② $\mathrm{Cov}[X, Y]=2$,　$E[X^2]=4$,　$E[Y^2]=21$
③ $\mathrm{Cov}[X, Y]=2$,　$E[X^2]=5$,　$E[Y^2]=20$
④ $\mathrm{Cov}[X, Y]=6$,　$E[X^2]=4$,　$E[Y^2]=16$
⑤ $\mathrm{Cov}[X, Y]=6$,　$E[X^2]=5$,　$E[Y^2]=20$

| 問9 |

母平均 μ, 母分散 σ^2 の正規分布を母集団分布とする母集団から大きさ16の無作為標本 $X_1, \cdots, X_{16}$ を抽出する。ここで

$$\bar{X} = \frac{1}{16}\sum_{i=1}^{16} X_i, \quad S^2 = \frac{1}{15}\sum_{i=1}^{16}(X_i - \bar{X})^2$$

と置くとき，統計量 $T = \dfrac{(\bar{X} - \mu)}{\sqrt{S^2/16}}$ は自由度（ア）の（イ）分布に従う。

上記の文中の（ア），（イ）の組合せとして，次の①～⑤から適切なものを一つ選べ。
| 9 |

① （ア）17　　（イ）t
② （ア）16　　（イ）カイ二乗
③ （ア）16　　（イ）t
④ （ア）15　　（イ）カイ二乗
⑤ （ア）15　　（イ）t

| 問10 |

確率変数 $X_1, \cdots, X_n$ が互いに独立にそれぞれ平均 μ, 分散 $\sigma^2 (> 0)$ の正規分布に従うとする。標本平均を $\bar{X} = \dfrac{1}{n}\sum_{i=1}^{n} X_i$ と置く。

$\sigma^2 = 1$ のとき，確率 $P(|\bar{X} - \mu| \leq 0.5) \geq 0.95$ を満たす最小の標本サイズ n はいくらか。次の①～⑤のうちから最も適切なものを一つ選べ。| 10 |

① 4
② 7
③ 11
④ 16
⑤ 22

問11

10万人以上の有権者がいる都市がある。有権者を対象とする単純無作為抽出による標本調査で，ある政策の支持率を区間推定するとき，信頼係数95%の信頼区間の幅が6%以下となるようにするには，少なくとも何人以上の有権者を調査すればよいかを知りたい。ただし，調査された人は必ず支持または不支持のいずれかを回答するものとし，二項分布は近似的に正規分布に従うとする。

もし，これまでの調査から政策の支持率がおよそ80%であることがわかっているときは，少なくとも何人以上の有権者を調査すればよいか。次の①～⑤のうちから最も適切なものを一つ選べ。 11

① 300　② 700　③ 1000
④ 1200　⑤ 1600

問12

確率変数 $X_1, \cdots, X_n$ が互いに独立に平均 μ，分散 $\sigma^2(>0)$ の正規分布に従うとする。μ の推定量として，X_1 と X_n の平均 $\hat{\mu}_1$ と，$X_2, \cdots, X_{n-1}$ の平均 $\hat{\mu}_2$ を考える。つまり，

$$\hat{\mu}_1 = \frac{1}{2}(X_1 + X_n), \qquad \hat{\mu}_2 = \frac{1}{n-2}\sum_{i=2}^{n-1} X_i$$

とする。次の記述Ⅰ～Ⅳは，これらの推定量に関するものである。

Ⅰ．$\hat{\mu}_1$ は μ の不偏推定量である。
Ⅱ．$\hat{\mu}_1$ は μ の一致推定量である。
Ⅲ．$\hat{\mu}_2$ は μ の不偏推定量である。
Ⅳ．$\hat{\mu}_2$ は μ の一致推定量である。

記述Ⅰ～Ⅳに関して，次の①～⑤のうちから適切なものを一つ選べ。 12

① ⅠとⅡのみ正しい　② ⅠとⅢのみ正しい
③ ⅢとⅣのみ正しい　④ ⅠとⅡとⅢのみ正しい
⑤ ⅠとⅢとⅣのみ正しい

問13

Xを平均θ, 分散1の正規分布に従う確率変数とし, 帰無仮説H_0, 対立仮説H_1をそれぞれ

$H_0 : \theta = 0, \quad H_1 : \theta = 1$

と想定した仮説検定を考える。Xの観測結果xに対して, 棄却域を

$x \geq 0.8$

と定めると, 第1種の過誤の確率は（ア）であり, 第2種の過誤の確率は（イ）である。

上記の文中の（ア）,（イ）に当てはまる数値の組合せとして, 次の①～⑤のうちから最も適切なものを一つ選べ。 13

① （ア）0.212 （イ）0.212
② （ア）0.212 （イ）0.421
③ （ア）0.421 （イ）0.212
④ （ア）0.421 （イ）0.421
⑤ （ア）0.421 （イ）0.655

問14

あるダイエット食品Aの摂取後に体重が減少するかどうかを検証するために，ある母集団から無作為に抽出した40代男性16人に対して1か月間この食品Aを毎日摂取してもらった。次の表は，摂取する前の体重（列のラベルが“前”）と摂取して1か月経った後の体重（列のラベルが“後”）のデータ（単位：kg）である。またラベルが“前－後”のデータは，それぞれの行に対して“前”に対応する体重から“後”の体重を引いた値であり，“前－後”のデータに対応する母集団の母平均をμ，母分散をσ^2とする。

ID	前	後	前－後
1	66.3	63.4	2.9
2	59.1	57.9	1.2
3	62.7	65.4	－2.7
4	71.1	70.0	1.1
5	62.3	63.1	－0.8
6	74.3	73.8	0.5
7	66.8	64.9	1.9
8	74.0	75.0	－1.0
9	70.1	68.7	1.4
10	66.1	63.4	2.7
11	73.7	73.7	0.0
12	68.9	69.1	－0.2
13	64.8	63.0	1.8
14	62.4	62.0	0.4
15	49.4	49.6	－0.2
16	56.6	57.7	－1.1
標本平均（$\bar{X}$）	65.5	65.0	0.5
標準偏差（S）	6.8	6.7	1.5

食品Aの摂取後に体重が減少するかどうかを検証するために，帰無仮説を$H_0 : \mu = 0$，対立仮説を$H_1 : \mu > 0$として有意水準5%の仮説検定を行う。このときの結果およびその解釈として，次の①～⑤のうちから最も適切なものを一つ選べ。ただし，“前－後”のデータに対応する母集団分布は正規分布$N(\mu,\ \sigma^2)$とし，μ，σ^2はともに未知の母数とする。ここで，標準偏差（S）は不偏分数の正の平方根，

また t は，帰無仮説 H_0 のもとでの t 統計量の実現値とする。 14

① $|t| > 2.131$ となるため，帰無仮説は棄却される。よって，食品Aの摂取後に体重が減少する傾向にあると判断する。
② $t < 1.746$ となるため，帰無仮説は棄却される。よって，食品Aの摂取前後で体重変化はないと判断する。
③ $|t| < 2.131$ となるため，帰無仮説は棄却されない。よって，食品Aの摂取後に体重が減少するとは判断できない。
④ $t < 1.753$ となるため，帰無仮説は棄却されない。よって，食品Aの摂取前後で体重変化はないと判断する。
⑤ $t < 1.753$ となるため，帰無仮説は棄却されない。よって，食品Aの摂取後に体重が減少するとは判断できない。

問15

あるウズラの養殖場において，ウズラが産む卵の数を1週間調べたところ，次の表のようになった。

曜　日	日	月	火	水	木	金	土	合計
産卵数（個）	20	18	17	24	24	22	22	147

曜日によって産卵数に違いがあるといえるかを，有意水準5%で検定したい。この場合の適合度検定における χ^2 統計量を計算する式は（ア）であり，検定の棄却域は（イ）である。

上記の文中の（ア），（イ）に当てはまる式の組合せとして，次の①～⑤のうちから最も適切なものを一つ選べ。 15

① （ア）$\frac{|20-21|}{20}+\frac{|18-21|}{20}+\frac{|17-21|}{20}+\frac{|24-21|}{20}+\frac{|24-21|}{20}+\frac{|22-21|}{20}$

$+\frac{|22-21|}{20}$

（イ）$\chi^2 \geq 16.01$

② （ア）$\frac{(20-21)^2}{20}+\frac{(18-21)^2}{20}+\frac{(17-21)^2}{20}+\frac{(24-21)^2}{20}+\frac{(24-21)^2}{20}$

$+\frac{(22-21)^2}{20}+\frac{(22-21)^2}{20}$

（イ）$\chi^2 \geq 12.59$

③ （ア）$\frac{(20-21)^2}{20}+\frac{(18-21)^2}{20}+\frac{(17-21)^2}{20}+\frac{(24-21)^2}{20}+\frac{(24-21)^2}{20}$

$+\frac{(22-21)^2}{20}+\frac{(22-21)^2}{20}$

（イ）$\chi^2 \geq 14.07$

④ （ア）$\frac{(20-21)^2}{21}+\frac{(18-21)^2}{21}+\frac{(17-21)^2}{21}+\frac{(24-21)^2}{21}+\frac{(24-21)^2}{21}$

$+\frac{(22-21)^2}{21}+\frac{(22-21)^2}{21}$

（イ）$\chi^2 \geq 12.59$

⑤ （ア）$\frac{(20-21)^2}{21}+\frac{(18-21)^2}{21}+\frac{(17-21)^2}{21}+\frac{(24-21)^2}{21}+\frac{(24-21)^2}{21}$

$+\frac{(22-21)^2}{21}+\frac{(22-21)^2}{21}$

（イ）$\chi^2 \geq 14.07$

問16

世界各国のデータを用いて次の重回帰モデルを推定した。

$$自動車普及率 = \alpha + \beta_1 \times 人口密度 + \beta_2 \times \log(1人当たりGDP) + 誤差項$$

ここで,「自動車普及率」は人口1000人当たりの自動車台数,「人口密度」は面積1平方キロメートル当たりの人口,「1人当たりGDP」は1人当たりの国内総生産(単位：ドル), log は自然対数であり，誤差項は，互いに独立に正規分布 $N(0, \sigma^2)$ に従うとする。ここで，用いた資料は『総務省統計局「世界の統計2018」』である。

統計ソフトウェアを利用して，人口密度，1人当たりGDPにそれぞれ対応する変数population，gdpを作成し，上記の重回帰モデルを最小二乗法で推定したところ，次の出力結果を得た。なお，出力結果の一部を削除している。

出力結果

```
Coefficients:
              Estimate    Std. Error  t value     Pr(>|t|)
(Intercept)   -1.283e+03  1.137e+02    11.278     1.39e-15
population    -6.617e-02  1.046e-02    -6.326     5.87e-08
log(gdp)       1.757e+02  1.175e+01    14.959      < 2e-16
---

Residual standard error: 103.5 on 52 degrees of freedom
Multiple R-squared: 0.821, Adjusted R-squared: 0.8141
F-statistic: 119.2 on 2 and 52 DF, p-value: < 2.2e-16
```

〔1〕

分析に用いた国の数として，次の①～⑤のうちから適切なものを一つ選び，番号を空欄に入力せよ。

※番号は半角数字で入力すること。(例：解答が③の場合は，半角数字の3を入力)

① 52
② 53
③ 54
④ 55
⑤ 56

□

〔2〕

次の記述Ⅰ～Ⅲは，この出力結果に関するものである。

Ⅰ．α の推定値の標準誤差は 11.75 である。
Ⅱ．パラメータ α，β_1，β_2 はそれぞれ有意水準 5%で 0 と異なる。
Ⅲ．自由度調整済み決定係数の値は 0.821 である。

記述Ⅰ～Ⅲに関して，次の①～⑤のうちから適切なものを一つ選び，番号を空欄に入力せよ。
※番号は半角数字で入力すること。(例：解答が③の場合は，半角数字の 3 を入力)

① Ⅰのみ正しい。
② Ⅱのみ正しい。
③ Ⅲのみ正しい。
④ ⅠとⅡのみ正しい。
⑤ ⅡとⅢのみ正しい。

2 正解と解説

問1 箱ひげ図からの読み取り　正解 3

①：誤り。ひげの長さを比較すると，平均気温の範囲が最も大きい都市は福岡であることがわかる。広島の平均気温の最小値は東京とほぼ同じであり，一方で，広島の平均気温の最大値は明らかに東京よりも小さい。よって，広島の平均気温の範囲は東京よりも小さいことからも広島ではないことがわかる。

②：誤り。箱の長さを比較すると，平均気温の四分位範囲が最も小さい都市は東京であることがわかる。名古屋の平均気温の第1四分位数は東京よりも小さく，第3四分位数は東京よりも大きい。

③：正しい。箱の下の部分を比較すると，平均気温の第1四分位数が最も大きい都市は福岡であることがわかる。

④：誤り。箱の中の線を比較すると，平均気温の中央値が最も小さい都市は名古屋であることがわかる。

⑤：誤り。ひげの上の部分および東京の外れ値を比較すると，平均気温の最大値が最も小さい都市は名古屋であることがわかる。

よって，正解は③である。

問2 標準化得点の性質　正解 4

I．正しい。摂氏で表されたデータを $C_1, \cdots, C_{17}$ とし，この平均を $\bar{C}$，標準偏差を S_C とすると，$\bar{C} = \frac{1}{17}\sum_{i=1}^{17} C_i$，$S_C = \sqrt{\frac{1}{16}\sum_{i=1}^{17}(C_i - \bar{C})^2}$ である。この $\bar{C}$，S_C を用いると標準化得点は $z_i = \frac{C_i - \bar{C}}{S_C}$ $(i = 1, \cdots, 17)$ と表すことができる。したがって，

$$\frac{1}{17}\sum_{i=1}^{17} z_i = \frac{1}{17}\sum_{i=1}^{17}\frac{C_i - \bar{C}}{S_C} = \frac{\bar{C} - \bar{C}}{S_C} = 0$$

であり，

$$\frac{1}{16}\sum_{i=1}^{17} z_i^2 = \frac{1}{16}\sum_{i=1}^{17}\frac{(C_i - \bar{C})^2}{S_C^2} = \frac{S_C^2}{S_C^2} = 1$$

となる。

Ⅱ. 誤り。問題文より $\bar{C}=2.4$, $S_C=7.0$ である。摂氏で表された元データの最大値である 22（No.14）を標準化得点に変換した値を考えると,

$$\frac{22-2.4}{7.0}=2.8>2.5$$

となる。

Ⅲ. 正しい。華氏で表されたデータを $F_1,\cdots,F_{17}$ とし，この平均を $\bar{F}$, 標準偏差を S_F とする。このとき, 標準化得点は $w_i=\dfrac{F_i-\bar{F}}{S_F}$ $(i=1,\cdots,17)$ と表すことができる。また, 摂氏から華氏への変換公式より, $F_i=1.8C_i+32$ $(i=1,\cdots,17)$ であり, この式から $\bar{F}=1.8\bar{C}+32$, $S_F=1.8S_C$ となる。したがって, すべての $i=1,\cdots,17$ に対して

$$w_i=\frac{F_i-\bar{F}}{S_F}=\frac{(1.8C_i+32)-(1.8\bar{C}+32)}{1.8S_C}=\frac{C_i-\bar{C}}{S_C}=z_i$$

となる。

以上から，正しい記述はⅠとⅢのみなので，正解は④である。

問3 相関係数の読み取り　正解 1

Ⅰ. 正しい。図をみると男性･正社員において，強い直線関係以外の関係がみられ，線形（直線）関係をとらえる指標である相関係数（ピアソンの積率相関係数,「統計学基礎　改訂版」, pp.29-31）の値のみで一般の関係性が強くないと判断してはいけない。

Ⅱ. 誤り。相関係数は上述のように線形（直線）関係をとらえる指標であるが，女性・正社員のデータを 24 ～ 54 歳に限定すると線形（直線）関係がよりはっきり表れるため，相関係数の絶対値は大きくなる。

Ⅲ. 誤り。相関係数は上述のように線形（直線）関係をとらえる指標であるが，一方の変数が変化をしたときの反応（効果）を表す指標ではない。

以上から，正しい記述はⅠのみなので，正解は①である。

問4 変動係数・共分散の性質 正解 2

確率変数 Y（数学）の平均を μ_Y，標準偏差を σ_Y とすると，数学の得点の変動係数は

σ_Y/μ_Y

となる。数学の得点を2倍にしたときの平均（μ_{2Y}），標準偏差（σ_{2Y}）はそれぞれ

$\mu_{2Y} = 2\mu_Y, \quad \sigma_{2Y} = 2\sigma_Y$

であるから，

$(\sigma_{2Y}/\mu_{2Y}) = (\sigma_Y/\mu_Y)$

となる。つまり，変動係数は変わらない。

次に，確率変数 X（国語）と Y の共分散を σ_{XY} とする。数学の得点を2倍にしたときの，X，$2Y$ の共分散（$\sigma_{X,\,2Y}$）は

$\sigma_{X,\,2Y} = 2\sigma_{XY}$

となる。つまり，共分散は2倍になる。

よって，正解は②である。

問5 各標本抽出法の性質 正解 5

①：適切でない。多段抽出では，段数が多くなる程，平均などの推定精度は低くなる。

②：適切でない。系統抽出は，母集団の要素に通し番号を振り，初めの抽出単位を無作為に抽出した後は，母集団の通し番号から等間隔に標本を抽出する方法である。

③：適切でない。回答率が低い場合，被験者の特性により回答の有無が選択され，標本の選択に偏りが生じる可能性がある。

④：適切でない。系統抽出では母集団の要素に通し番号を振り，その通し番号から等間隔に標本を抽出するが，通し番号の並び順に何らかの周期がある場合，標本に偏りが生じる可能性がある。このような場合は単純無作為抽出した標本のほうが精度は高くなる。

⑤：適切である。問題文にあるように，クラスター（集落）抽出は，分割されたクラスターに含まれる個体すべてを調査する。

よって，正解は⑤である。

問6　確率の計算　正解　5

1，2回目に「T君－U君」と勝つ確率が pq，1回目にはT君に負け，2，3回目に「U君－T君」と勝つ確率が $(1-p)qp$ である。つまり，求める確率は $pq+(1-p)qp$ である。

よって，正解は⑤である。

問7　正規確率の計算　正解　2

ある年における6月の電気料金を X と置く。$Z=(X-4000)/500$ は標準正規分布に従うので，求めたい確率は

$$
\begin{aligned}
P(X \geq 4800) &= P\left(Z \geq \frac{4800-4000}{500}\right) \\
&= P(Z \geq 1.6) \\
&\fallingdotseq 0.0548
\end{aligned}
$$

となる。

よって，正解は②である。

問8　線形結合の平均・分散・共分散　正解　3

共分散は，

$$\mathrm{Cov}[X,\ Y]=E[XY]-E[X]E[Y]=4-1\times 2=2$$

となる。一方，$Z=X+Y$，$W=2X-Y$ より Z，W の分散は，

$$V[Z]=V[X]+V[Y]+2\mathrm{Cov}[X,\ Y], \quad V[W]=4V[X]+V[Y]-4\mathrm{Cov}[X,\ Y]$$

となる。この式に得られている情報を代入すると，次の連立一次方程式が得られる。

$$V[X]+V[Y]=20, \quad 4V[X]+V[Y]=32$$

これを解くと，

$$V[X]=4, \quad V[Y]=16$$

を得る。したがって，

$$E[X^2]=V[X]+(E[X])^2=4+1=5$$

$$E[Y^2] = V[Y] + (E[Y])^2 = 16 + 4 = 20$$

となる。

よって，正解は③である。

問9 t 統計量と自由度 正解 5

確率変数 $X_1, \cdots, X_n$ が独立に同一の $N(\mu, \sigma^2)$ に従う場合，標本平均を $\bar{X}$，不偏分散を S^2 とすると，

$$\bar{X} = \frac{1}{n}\sum_{i=1}^{n} X_i, \quad S^2 = \frac{1}{n-1}\sum_{i=1}^{n}(X_i - \bar{X})^2$$

であり，

$$T = \frac{\bar{X} - \mu}{\sqrt{S^2/n}}$$

は自由度 $n-1$ の t 分布に従う。$n = 16$ であるから自由度 15 の t 分布に従う。

よって，正解は⑤である。

問10 標本平均と標本サイズ 正解 4

$\bar{X}$ は $N(\mu, 1/n)$ に従うので，標準化した $(\bar{X} - \mu)/\sqrt{1/n}$ は標準正規分布 $N(0, 1)$ に従い

$$P\left(-1.96 \leq \frac{\bar{X} - \mu}{\sqrt{\frac{1}{n}}} \leq 1.96\right) \fallingdotseq 0.95$$

となる。$1.96\sqrt{\frac{1}{n}} = 0.5$ を n について解くと 15.366 となる。

以上から，正解は④である。

問11 信頼区間幅と標本サイズ 正解 2

10万人以上の有権者がいることから，母集団は十分に大きく，単純無作為抽出による標本調査における，ある政策の支持者の人数は二項分布に従うと考えてよい。

よって，二項分布の正規近似によって標本比率 $\hat{p}$ は近似的に正規分布 $N(p, p(1-p)/n)$ に従い，信頼係数95%の信頼区間は

$$\hat{p} - 1.96\sqrt{\frac{p(1-p)}{n}} \leq p \leq \hat{p} + 1.96\sqrt{\frac{p(1-p)}{n}}$$

となる。この信頼区間の幅 $2 \times 1.96\sqrt{\frac{p(1-p)}{n}}$ を6%以下にするためには，

$2 \times 1.96\sqrt{\frac{p(1-p)}{n}} \leq 0.06$ を解くことで，

$$n \geq \left(\frac{2 \times 1.96}{0.06}\right)^2 p(1-p)$$

が得られる。ここで，政策の支持率 p についておよそ80%とわかっているので，この不等式に $p = 0.80$ を代入することで，近似的に $n \geq 682.95$ という不等式が成立する。

以上から，正解は②である。

問12 母平均の推定量の性質 正解 5

I．正しい。

$$E[\hat{\mu}_1] = E\left[\frac{1}{2}(X_1 + X_n)\right] = \frac{1}{2}(E[X_1] + E[X_n]) = \frac{1}{2}(\mu + \mu) = \mu$$

であるから，$\hat{\mu}_1$ は μ の不偏推定量である。

II．誤り。

$$V[\hat{\mu}_1] = V\left[\frac{1}{2}(X_1 + X_n)\right] = \frac{1}{4}(V[X_1] + V[X_n]) = \frac{1}{4}(\sigma^2 + \sigma^2) = \frac{1}{2}\sigma^2$$

とIより

$$\hat{\mu}_1 \sim N\left(\mu, \frac{1}{2}\sigma^2\right)$$

であるから，たとえば

$$P\left(\left|\frac{\hat{\mu}_1-\mu}{\sigma/\sqrt{2}}\right|<1.96\right)=0.95$$

が成り立つ。これより

$$\lim_{n\to\infty}P\left(|\hat{\mu}_1-\mu|<\frac{1.96\sigma}{\sqrt{2}}\right)=0.95$$

であるから，任意の $\varepsilon>0$ に対して

$$\lim_{n\to\infty}P(|\hat{\mu}_1-\mu|<\varepsilon)=1$$

は成り立たない。よって，$\hat{\mu}_1$ は μ の一致推定量でない。

Ⅲ．正しい。

$$E[\hat{\mu}_2]=E\left[\frac{1}{n-2}\sum_{i=2}^{n-1}X_i\right]=\frac{1}{n-2}\sum_{i=2}^{n-1}E[X_i]$$
$$=\frac{1}{n-2}\sum_{i=2}^{n-1}\mu=\mu$$

であるから，$\hat{\mu}_2$ は μ の不偏推定量である。

Ⅳ．正しい。

$$V[\hat{\mu}_2]=V\left[\frac{1}{n-2}\sum_{i=2}^{n-1}X_i\right]=\frac{1}{(n-2)^2}\sum_{i=2}^{n-1}V[X_i]$$
$$=\frac{1}{(n-2)^2}\sum_{i=2}^{n-1}\sigma^2=\frac{1}{n-2}\sigma^2$$

とⅢおよびチェビシェフの不等式より，任意の $\varepsilon>0$ に対して

$$P(|\hat{\mu}_2-\mu|<\varepsilon)\geq 1-\frac{\sigma^2}{(n-2)\varepsilon^2}$$

であるから，

$$\lim_{n\to\infty}P(|\hat{\mu}_2-\mu|<\varepsilon)=1$$

が成り立つ。よって，$\hat{\mu}_2$ は μ の一致推定量である。

以上から，正しい記述はⅠとⅢとⅣのみなので，正解は⑤である。

問13　第1・2種の過誤確率　正解　2

確率変数 X は，帰無仮説 H_0 の下では標準正規分布に従う。また，第1種の過誤とは，H_0 の下で H_0 を棄却する誤りなので，

$$\text{第1種の過誤の確率} = P(X \geq 0.8|H_0) = Q(0.8) = 0.2119$$

となる。ここで，標準正規分布に従う確率変数 Z に対して $Q(x) = P(Z \geq x)$ である。一方，確率変数 $X-1$ は，対立仮説 H_1 の下では標準正規分布に従う。また，第2種の過誤の確率とは，H_1 の下で H_0 を受容する誤りなので，

$$\begin{aligned}\text{第2種の過誤の確率} &= P(X < 0.8|H_1) = P(X-1 < 0.8-1|H_1)\\ &= P(X-1 < -0.2|H_1) = P(X-1 > 0.2|H_1)\\ &= Q(0.2) = 0.4207\end{aligned}$$

となる。

よって，正解は②である。

問14　対応のある場合の検定　正解　5

“前－後”のデータにおいて，$\bar{X} = 0.5$，$S = 1.5$ であるから，

$$t = \frac{0.5 - 0}{\sqrt{1.5^2/16}} = 1.333$$

となる。自由度15の t 分布の上側5%点は1.753であり，$t = 1.333 < 1.753$ であるから帰無仮説は棄却されない（この時点で①，②は適切ではない。さらに，①，③は片側検定でないことから適切ではない）。帰無仮説が棄却され対立仮説が選択されたときには，対立仮説が正しいと積極的に主張できるが，帰無仮説が棄却されないときには，帰無仮説が正しいと積極的には主張できない。よって，④における「食品Aの摂取前後で体重変化はないと判断する」は誤りであり，「食品Aの摂取後に体重が減少するとは判断できない」が正しい結論である。

以上から，正解は⑤である。

問15 一様性の適合度検定　正解 4

（ア）曜日によって産卵数に違いがない（$p_i = 1/7,\ i = 1,\ 2,\ \cdots,\ 7$）という帰無仮説の下での，各曜日の期待度数は $E_i = np_i = 147 \times 1/7 = 21$ である。また，観測度数を O_i とすると，適合度検定の検定統計量は

$$\chi^2 = \sum_{i=1}^{7} \frac{(O_i - E_i)^2}{E_i}$$

である。よって，この場合には，④または⑤のようになる。

（イ）この場合の分布の自由度は $7 - 1 = 6$ であり，自由度6のカイ二乗分布の上側5%点は12.59である。

以上から，正解は④である。

問16〔1〕 重回帰分析の自由度　正解 4

回帰分析で，残差の自由度は「標本の大きさ－定数項を含む推定式の係数の数」であることに注意すると，出力結果より残差の自由度が52，定数項を含む推定式の係数の数は3であるので，標本の大きさは $52 + 3 = 55$ であることがわかる。

以上から，正解は④であり，空欄には数字“4”を入力すればよい。

問16〔2〕 重回帰分析の性質　正解 2

Ⅰ．誤り。α の推定値の標準誤差は $1.137\text{e} + 02 = 113.7$ である。11.75は β_2 の推定値の標準誤差である。

Ⅱ．正しい。それぞれのパラメータの P-値 $Pr(>|t|)$ は，すべて0.05よりも小さく有意水準5%で0と異なっていると判断される。

Ⅲ．誤り。自由度調整済み決定係数の値はAdjusted R-squaredの0.8141である。0.821は決定係数Multiple R-squaredの値である。

以上から，正しい記述はⅡのみなので，正解は②であり，空欄には数字“2”を入力すればよい。